无监督特征学习与图像情感分析研究

李祖贺　著

吉林大学出版社

·长春·

图书在版编目（CIP）数据

无监督特征学习与图像情感分析研究 / 李祖贺著.
-- 长春：吉林大学出版社, 2020.4
　ISBN 978-7-5692-6412-8

Ⅰ.①无… Ⅱ.①李… Ⅲ.①图像处理 – 研究 Ⅳ.
①TN911.73

中国版本图书馆CIP数据核字(2020)第067847号

书　　　名：无监督特征学习与图像情感分析研究
WUJIANDU TEZHENG XUEXI YU TUXIANG QINGGAN FENXI YANJIU

作　　者：李祖贺　著
策划编辑：樊俊恒
责任编辑：张文涛
责任校对：安　斌
装帧设计：弘　图
出版发行：吉林大学出版社
社　　址：长春市人民大街4059号
邮政编码：130021
发行电话：0431-89580028/29/21
网　　址：http://www.jlup.com.cn
电子邮箱：jdcbs@jlu.edu.cn
印　　刷：长春市昌信电脑图文制作有限公司
开　　本：787mm×1092mm　　1/16
印　　张：9
字　　数：160千字
版　　次：2021年4月　第1版
印　　次：2021年4月　第1次
书　　号：ISBN 978-7-5692-6412-8
定　　价：48.00元

作者简介

李祖贺，男，1983年3月出生，汉族，河南南召人。工学博士，郑州轻工业大学教师、校级特聘教授。2000年9月—2004年7月就读于郑州轻工业大学计算机与通信工程学院，专业为电子信息科学与技术，获工学学士学位；2006年10月—2008年6月就读于华中科技大学电子与信息工程系，专业为通信与信息系统，获工学硕士学位；2014年3月—2017年12月就读于西北工业大学电子信息学院，专业为信息与通信工程，获工学博士学位。2004年7月开始进入郑州轻工业大学计算机与通信工程学院任教，从2019年1月至2020年1月在美国内布拉斯加大学林肯分校计算机科学与工程系从事博士后研究。自2004年以来一直从事图像处理、计算机视觉和机器学习等方面的研究工作。截至目前，已在国内外学术期刊和会议发表论文10余篇，主持和参与相关领域的国家级和省部级项目5项，获得授权专利2项，参编教材2部。

前　言

伴随着视觉媒体的兴起和读图时代的来临,图像成为一种重要的信息交流载体。图像情感语义理解研究旨在分析和挖掘图像内容中所蕴含的情感含义,因为情感信息在人类感知、推理和创造等活动中都起着无法忽视的作用,所以在当今的视觉化时代开展针对图像内容的情感语义分析研究具有重要意义。机器学习是一种有效的图像情感语义分析手段,但是语义鸿沟问题和情感的主观性给基于机器学习的图像情感语义理解研究带来困难,而且现有研究往往忽略了抽象图像和具象图像情感语义产生机理的差异。针对这些问题,本书一方面采用建立图像特征和情感含义之间直接映射的方法开展针对抽象图像的情感语义理解研究,在对一种新颖的特征提取技术——无监督特征学习进行研究的基础上,结合迁移学习方法将其应用于抽象图像情感语义分析;另一方面,本书以社交网络中用户自由分享的具象图像为研究对象,基于中间本体描述和深度学习方法开展面向图像数据的情感倾向预测研究。本书取得的创新性成果包括:

(1)发现了利用卷积稀疏自动编码器进行图像分类时,在基于稀疏自动编码器的无监督特征学习过程中所采用的白化处理技术和在基于卷积网络的特征提取过程中所采用的池化技术之间的关系;在进行白化处理时采用平均池化会取得更好的图像分类性能,而在不进行白化处理时采用最大池化会取得更好的图像分类性能。提出了一种基于卷积稀疏自动编码器在 YUV 空间进行无监督特征学习和图像分类的方案,针对 YUV 空间中亮度分量和色度分量相互独立的特性,采用一种将亮度和色度分量分离开来的方法进行白化处理。实验表明,只要对亮度数据进行合适白化,YUV 空间中的无监督特征学习能获得不亚于 RGB 空间的图像分类效果。

(2)提出了一种基于跨领域卷积稀疏自动编码器在情感层面上对小样本量抽象绘画和织物图像进行分类的方案,先从大型无标记数据库中学习特征,然后借助知识迁移在小样本量抽象图像数据库中提取特征并进行情感分类。提出了一种基于相关分析的特征选择方法对稀疏自动编码器所学习到的特征进行筛选,以此来减少基于卷积网络从图像中提取到的特征维数。实验表明,基于稀疏自动编码器的无监督特征学习技术不仅能被应用于认知层面上的图像分类,而且能被应用于情感层面上的图像辨识。在目标领域样本数量有限的前提下,采用知识迁移和领域适应在目标领域外的大量数据上进行特征学习可以获得更好的图像分类性能。实验结果还表明,合适的特征选择可以在不牺牲图像分类性能的前提下大大降低基于卷积网络进行特征提取的时间消耗。

(3)提出了一种在现有视觉情感本体(Visual Sentiment Ontology,VSO)和 Senti-Bank 概念检测器的基础上以文本情感信息为辅助进行图像情感倾向预测的方法,以便在基于中间本体描述的社交媒体图像情感分析中对本体概念词汇的情感信息加以利用。并且采用正则化逻辑回归模型改善以本体概念响应为中间特征的图像情感预测系统性能,还采用后融合方式将利用文本情感信息的方法与基于中间本体的传统方法进行联合。实验表明,对本体概念文本情感信息进行利用是可行的,而且后融合方法甚至获得了与深度学习方法可以相比拟的预测性能。

(4)提出了一种基于泛化能力更强的 NIN(Network In Network)深度卷积神经网络进行图像情感倾向预测的方案,利用端到端深度学习模型建立图像像素和情感倾向之间的映射。并且采用渐进微调方法在初次训练后对训练样本进行筛选,去除训练数据噪声,然后再用经过筛选的样本进行优化训练。实验结果表明,NIN 网络能取得比传统卷积神经网络更好的预测结果,而且对网络进行优化微调能有效剔除情感标签不可靠的训练样本,从而提高情感预测性能。

本书得到了作者所在单位郑州轻工业大学计算机与通信工程学院和河南省食品安全数据智能重点实验室的大力支持。同时也获得了国家自然科学基金项目(61702462 和 61702464)、河南省科技攻关项目(182102210607 和 192102210108)、国家留学基金资助(留金项〔2018〕10006 ,学号 201808410422)、陕西省科技统筹创新工程重点实验室项目(2013SZS15-K02)等的支持。

缩略语

英文缩写	英文名称	中文释义
AMT	Amazon Mechanical Turk	亚马逊土耳其机器人
ANP	Adjective Noun Pairs	形容词名词对
BEMD	Bidimensional Empirical Mode Decomposition	二维经验模态分解
BGD	Batch Gradient Descent	批量梯度下降
BOW	Bag Of Words	词袋
BP	Back Propagation	反向传播
CES	Categorical Emotion States	离散情感状态
CNN	Convolutional Neural Network	卷积神经网络
DES	Dimensional Emotion Space	维度情感空间
DMD	Dense Micro-block Difference	密集微块差分
DRLBP	Dominant Rotated Local Binary Pattern	主旋转局部二值模式
EM	Expectation Maximization	最大期望
FC	Fully Connected layers	全连接层
GAP	Global Average Pooling	全局平均池化
GIST	Generalized Search Trees	通用搜索树
GLCM	Gray Level Co-occurrence Matrix	灰度共生矩阵
GLM	Generalized Linear Model	广义线性模型
GMM	Gaussian Mixture Model	高斯混合模型
GSO	GIF Sentiment Ontology	动态图像情感本体
IMF	Intrinsic Mode Function	固有模态函数
I-W	Independent-Whitening	分离白化

英文缩写	英文名称	中文释义
J-W	Joint-Whitening	联合白化
KLD	Kullback-Leibler Divergence	KL 散度
LBP	Local Binary Pattern	局部二值模式
LR	Logistic Regression	逻辑回归
LRF	Local Receptive Fields	局部感受野
MLP	Multilayer Perceptron	多层感知器
MVSO	Multilingual Visual Sentiment Ontology	多语种视觉情感本体
1DLBP	One Dimensional Local Binary Pattern	一维局部二值模式
PAD	Pleasure-Arousal-Dominance	愉悦度-唤醒度-优势度
PCA	Principal Component Analysis	主成分分析
PCNN	ProgressiveConvolutional Neural Network	渐进微调卷积神经网络
SGD	Stochastic Gradient Descent	随机梯度下降
SVM	Support Vector Machine	支持向量机
SVR	Support Vector Regression	支持向量回归
VSO	Visual Sentiment Ontology	视觉情感本体
VSTM	Visual Sentiment Topic Model	视觉情感主题模型
WSM	Weighted Sum Model	加权求和模型
Y-W	Yonly-Whitening	单亮度白化
ZCA	Zero-phase Component Analysis	零相位成分分析

目　录

1　绪　论

1.1　研究目的和意义

图像情感语义理解是最高层次的图像语义分析，其目的是检测和识别图像内容中所蕴含的与情感相关的语义信息[1-2]。与人脸表情识别等研究不同，图像情感语义研究是将图像内容看成与文字和语音一样的信息传递媒体，从图像之外的角度去分析其表达和传递的情感信息，所以图像情感语义分析领域的研究对象并不局限于人物图像。如果将图像看成是信息载体，所有与图像情感语义相关的应用都可以用图 1-1 所示的图像情感信息传递示意图进行描述。不难发现，可以从两个角度来观察以图像内容为媒介的情感信息传递：从图像通信系统的接收端来看，图像内容的观测者和接收者看到图像后产生情感反应；而从图像通信系统的发送端来看，图像内容的创作者和发布者以图像为工具表达情感。不管从哪种观察角度出发，跨越语义鸿沟建立图像内容和情感语义之间的映射关系是图像情感语义理解研究所面临的核心问题。

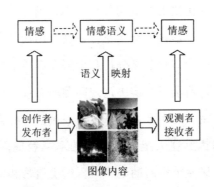

图 1-1　图像内容情感信息传递示意图

需要指出的是，情感的主观性导致不同的发布者之间、不同的接收者之间以及发布者和接收者之间对同一幅图像情感语义的认知可能是不相同的。而图像情感语义研究是以多数人的情感认知为标准，在假设发布者和接收者意见一致的前提下进行分析和预测的。另外，目前在该研究领域的不同应用中对"情感"的表述不尽相同。在英文中，与之相关的词汇有 emotion（形容词为 emotional）、affect（形容词为 affective）、sentiment 和 mood 等，而相关的中文词汇有情感和情绪等[3]。以中文为例，心理学上认为情感和情绪是不同的概念[4]：情绪具有情境性、暂时性和冲动性，往往伴随有明显外部表现；而情感则具有深刻性和稳定性，表现较为内敛。比如在该领域对社交网络图像内容发布者的意见倾向进行分析的应用中，英文文献中使用的词汇为"sentiment"，此处其实翻译为"情绪"更为贴切。但是现有信息科学领域的研究并没有关注到这些词语之间的微妙区别，特别是中文文献通常都不对 emotion、affect 和 sentiment 加以区分，用"情感"一词表示所有概念。目前像"情感语义"和"情感分析"这样的词汇已经成为中文关键词，为了与现有文献相统一以避免引起不必要的误解，本书在全文中也都沿用"情感"一词。

图像情感语义理解研究具有广阔应用前景和重要现实意义。从图像媒体受众角度来看，它可以被用于预测图像内容观测者的情感反应，这能在艺术、广告、产品和环境设计等领域为设计师提供参考信息[5]，从而为设计人员从事作品创作提供辅助决策。从另一个角度来看，它还可以被用于判断图像内容创作者和发布者的情感表达意图，从而为网络用户情感分析提供支撑。这不但能为金融市场走势预测、产品销售情况与口碑预测、电影票房预测和政治大选结果预测等大数据应用提供辅助信息，还能为网络舆情监测和预警等应用提供支持[6-7]。此外，它还能被应用于基于情感语义的图像智能检索，为用户个性化搜索等应用提供技术支撑[8-9]。总之，图像情感语义分析是情感计算和心理学等多个学科的交叉融合，其应用前景十分广泛。

而从技术层面来看，图像情感语义分析和理解在本质上要解决的问题是针对图像内容的情感分类和预测，机器学习是解决这一问题的有效手段并且已经在大多数图像情感语义分析研究中被采用。近年来，机器学习领域研究异常活跃，像无监督特征学习和深度学习这样的技术因其在人工智能领域的卓越表现而成为研究热点[10-11]。这给人工智能和计算机视觉研究带来新的动力，自然也给情感层面上的图像语义分析和识别带来机遇。在此同时，伴随着社交媒体的兴盛和具有摄像功能的移动终端的普及，图像成为用户进行自我情感表达的新兴媒介，图像数据源源不断地涌向网络，所谓的"视觉大数据时代"和"读图时代"已经来临。在这种背景下，作为文本情感分析的补充，面向社交媒体中图像数据的情感分析成为图像情感语义理解领域新的研究热点[6-7]。所以，机器学习的发展为图像情感语义分析研究带来新的机遇，而图像情感语义相关应用的发展又为机器学习技术提供了新的施展空间，并且网络中的图像数据也为机器学习提供了训练资源。因此，在如今的视觉化时代，基于机器学习的图像情感语义分析和理解研究极具创新价值，有着重要的科学意义。

综上所述，不管是从应用前景还是从科学技术自身发展来看，基于机器学习的图像情感语义理解都具有十分重要的研究意义。但是目前该领域的研究还非常有限，具有很大的探索空间，值得对其开展深入而广泛的研究。

1.2　研究现状以及存在的问题

从整体上看，面向图像内容的情感语义理解研究经历了两个发展阶段。传统的图像情感语义研究主要面向主题确定或者有限的应用场合，这些研究主要关注图像内容对观测者的影响，并且大多数都通过建立视觉特征和情感语义之间的直接映射关系来实现情感语义分析[12-14]。而近年来，针对社交媒体中宽泛主题图像数据的情感分析成为图像情感语义研究领域的新热点。这些研究旨在从用户分享的图片数据中挖掘和分析情感信息，其研究对象要更为复杂，采用的主要方法是中间本体描述和深度学习。结合图像情感语义理解研究的发展，本节将分别对传统的图像情感语义分析和宽泛主题图像情感分析的研究现状进行总结和讨论。

1.2.1　传统图像情感语义分析

传统的基于机器学习的图像情感语义分析研究主要采用如图 1-2 所示的框架，先选择合适的情感空间表示模型，然后从图像内容中提取像颜色和纹理这样的视觉特征，再借助机器学习手段基于人工标注样本开展学习和训练，从而得到图像情感检测器。接下来分别从情感模型、视觉特征和机器学习模型三个方面对传统的图像情感语义分析研究进行总结。

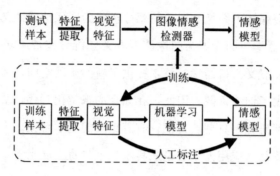

图 1-2　传统的图像情感语义分析框架

1.2.1.1　情感模型

传统的图像情感语义分析主要使用心理学领域的通用情感模型，这些情感空间表示模型可以分为两大类[15-16]：一类是离散情感状态（Categorical Emotion States，CES）模型；另一类是维度情感空间（Dimensional Emotion Space，DES）模型。另外，也有一些特殊的图像情感语义研究结合实际应用采用了其他的情感表示方法。

采用 CES 模型的情感表示方法基于范畴观念将情感划分为不同的子类，比如西方哲学家 Descartes 认为人类复杂情感是由六种基本情感衍生组合而成，即惊奇、喜爱、憎恶、欲望、欢乐和悲哀，而我国自古也有与之相似的"七情"和"六情"理论。基于此，Plutchik[17]定义了悲痛、恐惧、暴怒、憎恶、警觉、惊愕、赞赏和狂喜8 种基本情感，并根据 3 种不同强度衍生出 24 类情感，从而形成了如图 1-3 所示的Plutchik 情感轮。而 Izard[18]基于因素分析定义了 11 种基本情感：痛苦、恐惧、愤怒、悲伤、厌恶、惊奇、兴趣、愉快、害羞、轻蔑和负罪感。Ekman[19]则定义 6 种基本情感：愤怒、悲伤、恐惧、厌恶、惊奇和高兴，该模型主要被应用于表情识别研究。此外，Mikels 等人[20]在心理学实验的基础上定义了 4 种正面情感和 4 种负面情感，包括娱乐、敬畏、满足和兴奋，以及愤怒、反感、恐惧和伤心。Mikels 等人所提出的模型在现有图像情感语义分析领域被广泛采用[13]。

图 1-3 Plutchik 情感轮模型

而采用 DES 模型的情感表示方法则假设情感具有维度和两极性，基于多维笛卡儿空间对情感进行描述[3]。常见的 DES 模型有 pleasure-arousal-dominance 模型[21]、natural-temporal-energetic 模型[22] 和 activity-weight-heat 模型[23] 等。以经典的愉悦度-唤醒度-优势度（Pleasure-Arousal-Dominance，PAD）模型为例，愉悦度是指情感的正负属性，唤醒度是指个体的情感激活程度，优势度表示对情景和他人的控制程度。现有图像情感语义研究在使用 DES 模型对情感进行描述时一般都不关注优势度，主要考虑愉悦度和唤醒度两个维度。

除了以上的通用情感模型外，也存在一些特殊的情感空间表示方法。面向面料和织物图像的情感语义分析就选用一些特殊的形容词来定义情感类别，这是因为这些研究主要被应用于服装和装饰等艺术设计领域，通用情感模型不能提供有针对性的语义信息。比如，张海波等人[24-25] 在进行面料图像情感语义分析时，选用强烈、柔和、温暖、凉爽、华丽和简约等词语来描述服装面料图像给人带来的感受。而 Shin 等人[26] 使用浪漫、自然和优雅等词语来描述织物图像的情感语义，并在此基础上开展织物图像情感语义自动标注研究。

1.2.1.2 视觉特征

视觉特征提取是传统图像情感语义分析的重要研究内容，它是指采用计算机技术从图像内容中抽取特征数据来对其进行表征。和其他计算机视觉领域研究课题不同，图像情感语义研究要分析的是与心理、情感和情绪密切相关的信息，所以需要结合人类心理和生理特点进行视觉特征设计和表示[14]。传统图像情感语义分析主要使用诸如颜色、纹理和形状这样的底层视觉特征，此外，有的研究也开始尝试从图像中提取中层或者高层特征进行情感分析。

颜色具有唤醒人类情感的能力，比如红色给人以热烈和振奋之感，绿色给人以安定和舒适之感，白色给人以清洁和明快之感，而黑色使人感到庄严和悲哀[27-28]。尽管文化背景等因素导致人对颜色的感受会存在个体差异，但是颜色与情感之间的映射关系在整体上还是呈现出一定规律性。因此，像颜色直方图、颜色集和颜色矩这样的底层视觉特征在现有图像情感语义分析中被普遍采用[1,14]。颜色直方图旨在描述图像中不同颜色所占比例，虽然其具有平移不变、缩放不变和旋转不变的特性，但是该特征无法对颜色的空间分布进行描述。颜色集特征提取一般在 HSV 空间进行，具体做法是先对图像进行子区域分割，并定义颜色分量以实现对各子区域的索引，从而建立对图像进行表示的颜色索引表。该方法的效率较高，在与图像检索相关的应用中较为适用[29]。而提取颜色矩特征的方法一般使用均值、方差和协方差这样的低阶矩来描述图像的颜色分布，与采用颜色直方图的方法相比，它不用在特征提取阶段进行量化处理[5]。

纹理也是一种常用的底层视觉特征，它所反映的是物体表面有规则的组织排列信息。虽然纹理信息触发情感的能力不像颜色那么强，但是不同的纹理构造也能引发不同的情感反应[1,14]。描述纹理特征的方法主要有基于统计、模型、结构和频谱的方法以及综合性方法[30-31]，像局部二值模式（Local Binary Pattern，LBP）、灰度共生矩阵（Gray Level Co-occurrence Matrix，GLCM）和 Tamura 这样的纹理特征已经被应用于图像情感语义分析研究。比如，Machajdik 等人[13]成功地将 Tamura 和小波变换纹理特征应用到情感性图像分类。Lin 等人[32]提取了包含粗糙度、对比度、方向度、线像度、规整度和粗略度 6 种属性的 Tamura 纹理特征，并使用语言对纹理特征所引发的感受进行描述。Ruiz-del-Solar 等人[33]选用 12 个形容词从人类感知的角度对纹理特征进行描述，并基于神经网络构建图像纹理特征和词汇间的映射关系。

形状是由封闭轮廓所包围起来的区域，由于不同形状可以触动不同的情感反应，所以形状特征也能够表达情感含义。边界和区域是描述形状特征的基本方式，但是随着技术发展，也出现了傅里叶描述子、不变矩、有限元匹配和小波变换这样的描述方法[1,27]。形状特征在图像情感语义分析领域也有所应用，比如，Colombo 等人[34]基于霍夫变换得到能对直线斜率分布进行描述的直方图，然后以直线斜率对人心理感受的影响为辅助来分析视觉内容情感语义。Iqbal 等人[35]利用形状特征来区分自然风景和人工建筑图像，这对建立从形状轮廓向情感空间的映射有借鉴意义。而 Lu 等人[36]对自然图像中形状特征的情感含义进行了研究，通过统计分析来建立圆度和角度等形状特征与情感语义之间的联系。

除了这些底层视觉特征之外，也有部分研究用到了中高层特征。比如，Machajdik 等人[13]在进行基于情感的图像分类时，就用到了中层构图特征以及描述人脸和皮肤的高层次特征。Solli 等人[23]研究了如何将美学和情感这样的高阶语义信息应用于基于内容的图像检索，并且提出一种基于颜色的图像情感描述符来表征图像的情感含义。Irie 等人[37]提出了一种基于词组包的方法来对音视频内容进行描述，并将其应用于电影场景分类，进而预测电影场景所引发的观众情感反应。

1.2.1.3 机器学习模型

传统图像情感语义分析的最终任务是建立视觉特征和情感语义之间的可靠映射，因为图像特征和情感之间的关系较为复杂，所以完全依赖先验知识很难建立有效的映射规则。而机器学习能对人类学习过程进行模拟，它是跨越语义鸿沟实现图像情感理解的重要手段。图像情感语义分析相关研究主要以情感分类为主，这种模式分类问题可以用机器学习中的分类器来解决。另外，也有少数研究对情感模型纬度上的情感数值进行预测，这种预测问题可以用机器学习中的回归模型来解决[3]。

图像情感分类研究所采用的模型主要有生成模型和判别模型，采用生成模型的研究先对参数先验分布和样本似然函数进行建模，然后利用高斯判别和朴素贝叶斯等方法得到后验概率。例如，Machajdik 等人[13]在图像情感分类中就采用了朴素贝叶斯分类器，并取得了良好效果。最近，Zhang 等人[38]提出了一种具有多个输出和特征表示的贝叶斯多核学习算法来捕获情感之间的相关性，通过概率来测度图像所触发的情感分布强度，从而实现有效的图像情感分类。而基于判别模型的研究则采用逻辑回归（Logistic Regression，LR）和支持向量机（Support Vector Machine，SVM）等分类模型直接建立视觉特征和情感标签之间的映射。比如，Wu 等人[39]提取图像的底层特征构建视觉特征空间，然后用 SVM 计算情感空间与视觉特征空间之间的相关性，在此基础上实现基于情感语义的图像自动分类系统。张海波等人[25]在开展面向面料图像的情感语义分析时，也采用了 SVM 模型。

此外，图像情感回归研究则采用线性回归、支持向量回归（Support Vector Regression，SVR）和核回归等方法估计情感数值。比如，Lu 等人[36]在开展形状特征情感语义分析时，就利用 SVR 来计算纬度情感空间中的愉悦度数值和唤醒度数值。而 Zhao 等人[40]不但采用 SVM 对图像情感进行分类，还采用 SVR 模型预测图像情感分数。

1.2.2　宽泛主题图像情感分析

近年来，图像情感语义理解领域出现了一个新的研究方向并迅速成为热点，这就是面向社交媒体中图像数据的情感分析。与传统的图像情感语义研究相比，社交媒体图像内容情感分析的特殊之处在于：（1）社交媒体情感分析主要借助图像语义理解来预测图像内容发布者的意见和情感信息，其情感模型较为简单，一般仅基于正面和负面两种情感类型进行倾向分析；（2）社交媒体中的数据来自用户的自由分享，主题宽泛的图像内容和情感倾向之间的映射关系复杂，语义鸿沟问题更为严重。虽然面向社交网络中图像数据的情感分析是对内容发布者的情感倾向进行预测，但是从图 1-1 可以看出，其在本质上仍属于情感层面上的语义理解范畴。因此，如何建立图像内容和情感倾向之间的可靠映射仍是进行宽泛主题图像情感分析面临的主要问题。

针对主题宽泛的图像大数据的情感分析研究还处于起步阶段，目前在该领域比较活跃的研究机构主要有美国的哥伦比亚大学、罗彻斯特大学和国内的厦门大学，相关研究人员已经在社交媒体图像内容情感分析和社交多媒体情感分析方面取得一定进展[6-7]。在社交媒体图像内容情感分析的概念刚被提出时，研究人员也曾试图建立底层视觉特征和情感倾向间的直接映射[41-42]。但是社交媒体中的图像大多含有具象内容，其情感语义是由认知层语义所间接驱动，所以基于底层视觉特征的方法并不适用于宽泛主题图像内容情感分析。为了填补语义鸿沟，研究人员尝试以中间本体为桥梁来建立图像内容和情感倾向之间的联系。近些年来，受深度学习在计算机视觉领域取得巨大成功的启发，研究人员开始将深度学习技术应用于面向图像内容的情感分析和意见挖掘。所以，现有针对宽泛主题图像内容的情感分析方法主要分为基于中间本体描述的方法和基于深度学习的方法两大类[6]。

1.2.2.1　中间本体描述方法

Yuan 等人[43]最先利用与情感相关的场景属性定义了由 102 种属性构成的中间层

表示，并以此构建图像情感倾向预测框架。与直接使用图像底层视觉特征的方法相比，采用这种方法可以对图像的情感语义有更好的解释。如图 1-4 所示，Borth 等人[44-45]基于数据挖掘和图像标签分析建立了由形容词名词对（Adjective Noun Pairs，ANP）构成的大型视觉情感本体（Visual Sentiment Ontology，VSO），将多维概念并列在一起对视觉内容进行表示，然后基于底层视觉特征训练了被称为情感银行（SentiBank）的情感概念检测器以获得图像在 1200 维 ANP 概念上的响应，并以检测到的概念响应为中间特征基于 SVM 和 LR 这样的有监督学习模型预测图像情感倾向。从现有研究来看，VSO 和 SentiBank 因其良好的开放性和通用性而被广泛应用于社交媒体图像情感分析[46-47]和图文联合情感分析[48-50]。

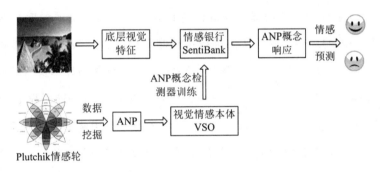

图 1-4　基于 VSO 和 SentiBank 的图像情感分析流程图

由于具象图像内容所表达的情感含义与其中的局部对象有很大关系，对图像整体进行分析缺乏对其局部对象的关注且会受到背景信息的影响。因此，Chen 等人[51]在 VSO 和 SentiBank 的基础上提出一种面向图像内容中的局部对象进行情感倾向分析的方法。该方法先检测和识别图像中出现的名词概念，然后再识别这些名词概念对应的形容词性属性信息。实验显示，该方法能在牺牲一定效率的前提下提高图像情感预测性能。而基于多维 ANP 概念的 VSO 模型关注的是图像内容的多维度细节语义，没有从整体上对图像内容主题进行描述。为了解决该问题，Cao 等人[52]提出了一种视觉情感主题模型（Visual Sentiment Topic Model，VSTM）用于对主题宽泛的图像内容进行情感分析，并且取得了良好的图像情感预测效果。以 VSO 和 SentiBank 为代表的中间本体描述方法主要采用多维词汇概念构建单层情感本体对图像内容进行表示，缺乏对本体概念之间关系的关注，且忽略了本体概念本身的情感信息，所以基于本体描述的图像情感分析研究还有很大的探索空间。

1.2.2.2　深度学习方法

随着深度学习技术的发展，近些年开始出现各种利用深度卷积神经网络（Convolutional Neural Network，CNN）建立图像像素和情感倾向之间映射关系的尝试。You 等人[53]基于经典的深度卷积神经网络进行图像情感预测并采用渐进微调方案对训练数据进行筛选，从而排除标记结果不可靠的数据。Jindal 等人[54]采用深度卷积神经网络进行图像情感预测，并充分利用其他领域的图像数据进行迁移学习来提高性能。Campos 等人[55-56]也在基于深度卷积神经网络的图像情感预测方面做了大量工作，并提出了对卷积网络进行微调和优化的措施来提高情感分析性能。最近，Sun 等人[57]受文献［51］面向图像局部对象进行情感分析的启发，借助深度学习模型探测图像中与情感相关的局部区域，从而进行情感倾向预测。Li 等人[58]基于卷积网络构建深度模型进行图像情感分析，利用情感相关信息对其他领域样本进行预标注并提出一种层次化微调策略来开展训练。而 Wang 等人[59]也提出了一种叫作 DCAN（Deep Coupled Adjective and Noun neural network）的模型，在用两个深度神经网络分别探测形容词概念响应和名词概念响应的基础上进行图像情感分析。此外，伴随着深度学习技术在文本情感分析领域的成功应用[60]，也有研究人员开始基于深度学习模型联合图文数据进行情感分析[61-64]。这些研究采用深度神经网络分别提取文本和图像的特征，然后基于不同的融合算法进行图文联合情感分析。

目前，也有研究人员尝试先用深度学习模型建立图像内容和认知层语义的联系，然后再进行情感分析。Jou 等人[65]针对文化差异问题建立了多语种视觉情感本体（Multilingual Visual Sentiment Ontology，MVSO），并对文献［45］所建立的情感银行进行升级，基于深度卷积神经网络训练了用于图像情感分析的本体概念检测器。Liu 等人[66]在 MVSO 情感本体的基础上建立了跨语言图像情感分析器和基于感知的图像查询扩展引擎。Cai 等人[67]建立了动态图像情感本体（GIF Sentiment Ontology，GSO）并基于卷积神经网络进行概念检测，针对社交媒体中的动态图像进行情感分析，这是基于深度学习和本体描述对主题宽泛的动态性图像内容进行情感分析的初步尝试。这些研究和基于底层视觉特征进行中间本体概念检测的方法一样，依然没有注意到本体概念本身的情感信息。

1.2.3　存在的问题

从以上的研究现状分析可以看出，传统的图像情感语义分析和理解已经取得长足进展，而面向社交媒体宽泛主题图像内容的情感分析虽然才刚刚起步，却成为当前的研究热点并取得了一定成果。但是，现有研究还存在许多问题，主要体现在以下几个方面：

（1）从整体上看，现有图像情感语义理解研究忽略了情感语义的产生机制差异。如图 1-5（a）所示，像抽象绘画这种没有确定认知层含义的艺术作品，其情感语义来源于色彩和纹理等底层特征的视觉冲击，所以有可能在视觉特征和情感语义之间建立映射关系。而另一方面，有具体认知含义的具象图像则通过情景复现来激发和唤醒人的情感反应经验，从而产生情感语义。所以，此时的情感语义理解需要与认知层面上的图像识别相结合。对后者来讲，底层视觉特征与认知层语义之间存在鸿沟，认知层语义与情感层语义之间也存在鸿沟，这两级语义鸿沟使得无法在底层视觉特征和情感语义之间建立直接映射关系。如图 1-5（b）所示，虽然这两幅图像具有近似的底层视觉特征，但是"美女"和"野兽"这样的认知语义差异会导致其对应的情感语义完全不同[13]。

（a）抽象图像示例

（b）具象图像示例

图 1-5　用于情感语义分析的抽象图像和具象图像示例

（2）传统图像情感语义研究在建立图像特征与情感含义之间的映射关系时主要采用人工方式构造各种视觉特征，并在提取视觉特征的基础上尝试用各种特征组合来对图像内容进行表示。这要借助领域先验知识并结合实际应用对数据进行分析，进而得到合适的特征表示方法。在这种情况下，开展特征分析、组合和选择就需要投入大量的人力成本。而且由于语义鸿沟的存在，采用这种方式并不一定能取得理想效果。近年来，在计算机视觉和机器学习领域出现了新的特征提取技术，比如自动编码器就能通过对数据进行自我复原训练学习到具有代表性的特征。从本质上来看，这些技术最终获得的也是能被送入分类器的特征数据，所以可以将这些特征提取技术与传统图像情感语义分析模型进行无缝连接。总之，这些新技术有可能给图像情感语义理解研究带来新的突破，如何借助这些新的特征学习技术来进行图像情感语义分析也是尚待解决的问题。

（3）现有基于中间本体描述面向社交媒体宽泛主题图像数据的情感分析往往将多组概念并列在一起构成情感本体，并检测本体概念在图像内容中出现的概率响应，然后将这些响应作为中间特征并借助监督学习方法进行情感倾向预测。这些研究没有对描述图像内容的全局性概念和局部性概念进行区分，而且忽略了本体概念本身所携带的情感信息以及本体概念之间的关系。以基于 VSO 和 SentiBank 的情感倾向预测为例，利用 SentiBank 来检测图像内容中的 ANP 概念响应在本质上是使用 ANP 概念来对图像进行描述。而本体概念词汇本身就具有情感含义，并且目前在文本情感分析领域已经积累了深厚的研究基础，所以有可能利用 ANP 概念的文本情感信息进一步提高基于 SentiBank 的情感预测性能。但是现有基于中间本体的图像情感分析往往忽略了这些文本情感信息，值得开展相关研究。

（4）基于深度学习的社交媒体图像内容情感分析往往采用深度神经网络建立主题宽泛的图像数据和情感倾向之间的映射，并依赖情感标签进行反向传播（Back Propagation，BP）训练。而采用人工方式对大量训练样本进行情感标注比较困难，研究中往往要采用图像标签分析等手段自动对样本进行标注，从图像内容对应文字描述中得到的情感标记信息含有严重噪声。并且因为情感具有主观性，即便是基于人工标注得到的情感倾向标签也未必完全可靠，这是现有基于深度学习的图像情感倾向预测面临的重要问题。因此，在基于有监督深度学习模型对社交媒体图像内容进行情感倾向预测时，如何针对宽泛主题图像数据搭建有效深度学习模型，并在训练样本标记信息不完全可靠的情况下进行有效训练是亟待解决的问题。

1.3 本书的主要工作以及内容安排

针对现有图像情感语义理解研究存在的问题,本书首先从整体上对抽象图像和具象图像进行区别对待。针对抽象绘画和织物图像这种没有明确认知层语义的图像内容,本书采用传统图像情感语义分析框架建立图像特征和情感语义之间的映射关系。而考虑到人工设计特征的局限性,本书在对基于稀疏自动编码器的无监督特征学习关键技术进行深入研究的基础上,尝试将其应用于抽象图像情感语义分析。另外,本书也开展了面向社交媒体宽泛主题图像内容的情感倾向分析研究。考虑到社交媒体图像数据是以具象图像为主,所以采用了基于中间本体描述的方法和深度学习方法。在基于中间本体的图像情感分析研究中,本书尝试利用情感本体概念本身的文本情感信息来提高图像情感预测性能。而在基于深度学习的图像情感分析中,本书采用了一种泛化能力更强的深度卷积网络,并且通过样本筛选来过滤训练样本情感标签中存在的噪声。如图 1-6 所示,本书所做的主要工作包括以下几个方面:

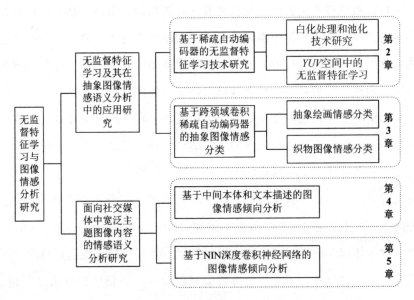

图 1-6 本书主要工作示意图

（1）基于稀疏自动编码器的无监督特征学习技术研究

本书尝试以基于特征学习的方式提取视觉特征进行抽象图像情感语义分析，所以首先对机器学习领域中一种有效的特征学习技术——基于稀疏自动编码器的无监督特征学习进行了研究。在利用稀疏自动编码器来学习图像局部特征的基础上，借助卷积神经网络进行全局特征提取并送入分类器进行彩色图像分类。在对基于卷积自动编码器模型的图像分类系统中关键技术进行研究的基础上，发现了在无监督特征学习阶段采用的白化处理技术和在全局特征提取阶段采用的池化技术之间的联系，为后续情感分类研究奠定了基础。此外，本书还尝试基于稀疏自动编码器在 YUV 空间进行无监督特征学习，并基于卷积稀疏自动编码器模型进行图像分类。结合 YUV 空间亮度分量和色度分量的特点，对适用于 YUV 色彩空间的白化处理方法进行了研究，实验表明了在压缩域进行无监督特征学习和图像分类的可行性。

（2）基于跨领域卷积稀疏自动编码器的抽象图像情感分类

考虑到传统图像情感语义理解研究主要采用人工特征，本书在对基于稀疏自动编码器的无监督特征学习技术进行研究的基础上，尝试借助无监督特征学习提取图像特征并进行抽象图像情感语义分析。为了解决在有限数量样本上无法学习到理想特征的问题，本书研究了借助迁移学习思想基于卷积稀疏自动编码器进行跨领域特征学习和提取的可行性，先基于稀疏自动编码器从其他领域的大量无标记样本中学习局部特征，然后在目标领域样本上提取全局特征并开展图像分类实验。基于这种跨领域卷积自动编码器的抽象绘画和织物图像情感分类实验说明结合无监督特征学习和迁移学习进行图像情感语义分析是可行的。此外，为了提高系统效率，本书还在织物图像情感分类中尝试采用相关分析对稀疏自动编码器所学习到的特征进行选择。实验说明在样本数量稍多的情况下特征选择能降低基于卷积网络进行全局特征提取的计算成本，而且这种操作不但不会降低整体系统性能，还能使情感分类准确率有所提升。

（3）基于中间本体和文本描述的图像情感倾向分析

针对现有基于中间本体描述的社交媒体图像情感分析研究忽略了本体概念文本情感信息的问题，本书在基于 VSO 情感本体和 SentiBank 概念检测器进行情感倾向预测时，尝试对本体词汇的文本情感含义加以利用。在利用概念检测器检测到图像的本体概念响应之后，结合概念的文本情感数值利用加权求和模型计算出图像情感数值，然后基于一维逻辑回归模型寻找合适情感阈值以进行情感倾向判断。此外，本书还采用传统模式以图像内容对应的本体概念响应数值为中间特征进行图像情感预测，并且基于后融合方法将以文本情感为辅助的方法和采用传统模式的方法进行联合。实验结果表明，对情感本体概念的文本情感信息加以利用可以改善图像情感预测性能，这说明在基于中间本体描述的图像情感分析中对本体概念本身的文本情感信息进行利用是有效的。

（4）基于 NIN 深度卷积神经网络的图像情感倾向分析

本书也尝试采用端到端深度学习模型建立图像像素和情感倾向之间的映射关系，利用一种泛化能力更强的 NIN（Network in Network）深度卷积神经网络对社交媒体图像数据进行情感倾向预测。针对训练样本情感标签不可靠的问题，本书对基于样本筛选的网络优化方法进行研究。在利用全部训练样本对深度网络进行预训练之后，基于训练好的网络对训练样本进行反向筛选，滤除情感标签争议性较大的样本。然后利用筛选后剩余的训练样本对网络进行微调训练，从而得到更为可靠的网络模型。实验结果表明，利用泛化能力更强的 NIN 卷积神经网络能获得优于普通卷积神经网络的情感倾向预测性能，而且渐进微调方法能对基于深度神经网络的图像情感预测性能进行改善。

本书各章节的具体内容安排如下：

第 1 章首先介绍了图像情感语义理解的研究目的和范围，然后分别从应用层面和技术层面分析了图像情感语义理解的研究意义。接下来对传统图像情感语义分析和面向社交媒体宽泛主题图像数据的情感分析研究现状进行综述，并在此基础上对现有研究存在的问题进行总结。最后对本书所做的主要工作和本书内容安排进行介绍。

第 2 章首先对稀疏自动编码器原理进行简要概述，然后分别从基于稀疏自动编码器的局部特征学习、基于卷积网络的全局特征提取和分类器三个方面对基于卷积稀疏自动编码器模型的图像分类系统进行介绍，并通过实验对白化处理和池化操作等关键技术进行探讨。在此基础上，提出一种基于稀疏自动编码器在 YUV 空间进行无监督特征学习的方法，并结合图像分类实验进行分析和讨论。

第 3 章首先对基于自动编码器的自我学习及其在知识迁移中的应用进行介绍，然后提出了基于跨领域卷积稀疏自动编码器模型的抽象绘画和织物图像情感分类方案。针对抽象绘画情感分类，首先对整体方案、采用的情感描述模型和实验数据库进行介绍，然后给出实验结果并进行分析；针对织物图像情感分类，首先对分类方案和基于相关分析的特征选择方法进行概述，然后对情感模型和本书建立的织物图像情感分析数据库进行介绍，最后对实验结果进行分析和讨论。

第 4 章首先对宽泛主题图像情感分析领域的 VSO 情感本体和 SentiBank 概念检测器进行简要概述，然后分别对基于 ANP 本体概念响应、利用 ANP 文本情感和基于后融合的图像情感倾向预测方法进行介绍，最后结合实验将这些方法和现有基于深度学习的方法进行对比，并对实验结果进行分析。

第 5 章首先对基于有监督学习的深度卷积神经网络和 NIN 卷积网络模型进行简要概述，然后分别从网络结构和微调优化方法两个方面对基于 NIN 的图像情感倾向预测方案进行介绍，最后结合实验对基于中间本体描述、基于传统卷积神经网络和基于 NIN 的图像情感倾向预测性能进行对比，并对实验进行分析和讨论。

第 6 章首先对本书所做的主要研究工作和取得的主要研究成果进行总结，然后对该领域未来的研究方向进行展望。

2　基于稀疏自动编码器的无监督特征学习技术研究

2.1　引　　言

　　作为近年来的研究热点，无监督特征学习旨在发现无标记数据中隐藏的结构信息，从而得到良好的数据表示[68-69]。在当今的大数据时代，大量无标记数据涌入各种网络平台，对这些数据进行标注的难度较大，而开展无监督特征学习研究可以对这些海量无标记数据进行充分利用，具有重要意义。目前，像自动编码器之类的无监督特征学习技术已经被成功应用于场景分类、行人检测、人脸识别和行为识别等计算机视觉领域各种标记数据有限的应用场合[70-77]。从本质上来看，无监督特征学习最后得到的也是对输入数据的有效表示，所以基于无监督特征学习技术提取图像特征并将其与情感语义进行映射具有可行性。因此，本书在面向抽象图像的情感语义理解研究中尝试以基于无监督特征学习的方式进行图像特征提取。考虑到无监督特征学习本身的研究价值，本书首先对基于稀疏自动编码器的无监督特征学习关键技术进行研究，借助卷积网络提取图像特征进行图像分类实验，为后续抽象图像情感语义分析奠定基础。

　　本章首先对基于稀疏自动编码器的无监督特征学习工作原理进行简单阐述，然后对采用稀疏自动编码器获取局部特征并基于卷积操作提取全局特征的图像分类系统进行介绍。接下来，在基于卷积自动编码器模型开展图像分类实验的基础上，讨论白化处理和池化操作技术对图像分类性能的影响。最后提出一种适用于 YUV 空间的白化处理方法，并对 YUV 空间中基于稀疏自动编码器的无监督特征学习和图像分类实验结果进行分析。

2.2　稀疏自动编码器原理简介

自动编码器是一种"反思"式神经网络模型，它采用对称结构通过数据重建训练从无标记样本中发现代表性特征，不仅可以被应用于特征学习，还可以被用于对有监督深度学习模型进行预训练。图 2-1 给出了单隐层自动编码器网络结构示例，可以看出，自动编码器使输出数据尽可能地复现输入数据，以此来发现能代表输入数据的关键特征。

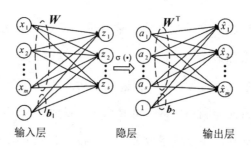

图 2-1　单隐层自动编码器网络结构示意图

假设第 i 个无标记样本对应的输入向量为 $\boldsymbol{x}(i) \in \mathbf{R}^{m \times 1}$，其中 m 为输入数据向量的维数。那么，该样本对应的自动编码器隐层响应为：

$$\boldsymbol{a}(i) = \sigma(\boldsymbol{z}(i)) = \sigma(\boldsymbol{W}\boldsymbol{x}(i) + \boldsymbol{b}_1) \tag{2-1}$$

式中：$\boldsymbol{W}$——自动编码器的输入权重矩阵；

$\boldsymbol{b}_1$——自动编码器的输入偏置矢量；

$\boldsymbol{z}(i)$——未经激活函数变换的隐层响应；

$\sigma(\cdot)$——将响应数值映射到 $[0, 1]$ 范围的激活函数。

由于自动编码器具有对称结构，此时的输出层响应为：

$$\hat{\boldsymbol{x}}(i) = \sigma(\boldsymbol{W}^{\mathrm{T}}\boldsymbol{a}(i) + \boldsymbol{b}_2) \tag{2-2}$$

式中：$\boldsymbol{W}^{\mathrm{T}}$——自动编码器的输出权重矩阵；

b_2—— 自动编码器的输出偏置矢量。

自动编码器的目的是尽可能地重建输入数据，借助反向传播算法来逼近代价函数的极小点，从而获得网络参数 $\boldsymbol{W}$，$\boldsymbol{b}_1$，$\boldsymbol{W}^{\mathrm{T}}$ 和 $\boldsymbol{b}_2$。在实际应用中，平均重构误差经常被用来定义代价函数：

$$J(\boldsymbol{W},\boldsymbol{b}_1,\boldsymbol{b}_2) = \frac{1}{2N}\sum_{i=1}^{N}\|\boldsymbol{x}(i)-\hat{\boldsymbol{x}}(i)\|^2 \tag{2-3}$$

式中：N—— 用于无监督特征学习的训练样本数量。

为了避免过拟合和保障自动编码器隐层节点的稀疏性，一般需要给代价函数加入权重衰减项和稀疏性惩罚项。因此，常用的代价函数一般由误差、权重衰减项和稀疏性约束项组成[78-79]：

$$\begin{aligned}J_{\mathrm{sparse}}(\boldsymbol{W},\boldsymbol{b}_1,\boldsymbol{b}_2) &= J(\boldsymbol{W},\boldsymbol{b}_1,\boldsymbol{b}_2) + \lambda\|\boldsymbol{W}\|^2 + \beta J_{\mathrm{KL}}(\rho\|\hat{\boldsymbol{\rho}}) \\ &= J(\boldsymbol{W},\boldsymbol{b}_1,\boldsymbol{b}_2) + \lambda\|\boldsymbol{W}\|^2 + \beta\sum_{j=1}^{s}\left(\rho\lg\frac{\rho}{\rho_j} + (1-\rho)\lg\frac{1-\rho}{1-\rho_j}\right)\end{aligned} \tag{2-4}$$

式中：λ—— 权重衰减系数；

$\quad\ \ \beta$—— 稀疏性约束权重；

$\quad\ \ \rho$—— 稀疏性参数；

$\quad\ \ \hat{\boldsymbol{\rho}}$—— 隐层单元的平均激活向量；

$\quad\ \ J_{\mathrm{KL}}(\bullet)$——KL 散度（Kullback-Leibler Divergence，KLD）；

$\quad\ \ j$—— 隐层单元序号；

$\quad\ \ s$—— 隐层单元数量；

$\quad\ \ \hat{\rho}_j$—— 第 j 个隐层单元的平均激活数值。

接下来可以利用反向传播算法对自动编码器进行训练，从而得到能对输入数据进行重建的关键网络参数 $\boldsymbol{W}$ 和 $\boldsymbol{b}_1$，这是与输入数据向量相对应的权重系数。对某样本向量来讲，根据这些权重参数得到的隐层响应就是能对样本进行表示的重要特征，接下来这些响应特征将被用来开展基于有监督学习的分类和预测。此外，这种基于自动编码器的无监督学习模式也可以被用来对有监督深度神经网络模型进行预训练，以得到初始化网络参数。

2.3　基于卷积稀疏自动编码器的图像分类

在将自动编码器应用于图像和视觉领域时，如果图像的尺寸比较小，可以将整幅图像以向量形式存储并进行特征学习和训练。但是在图像尺寸稍大的情况下，采用这种方式需要的运算量过大，不便于实现。因此，针对大尺寸图像，一般不直接对整幅图像进行处理，而是采用卷积自动编码器模型先在小图像块上学习局部特征，然后根据图像的平稳特性借助卷积网络来提取图像的全局特征。本书在基于卷积稀疏自动编码器进行图像分类时采用的整体方案如图 2-2 所示，分类系统可以分为基于稀疏自动编码器的局部特征学习、基于卷积网络的全局特征提取和图像分类器 3 个主要组成部分。

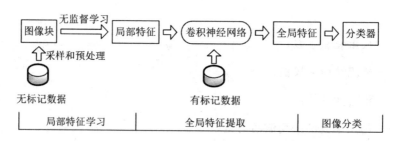

图 2-2　基于卷积稀疏自动编码器的图像分类系统框图

2.3.1　基于稀疏自动编码器的局部特征学习

如图 2-2 所示，在基于卷积稀疏自动编码器进行图像分类时，首先要从无标记样本中采集大量图像子块，然后基于自动编码器进行特征学习。由于相邻像素的高度相关性，图像数据中存在一定的冗余。在这种情况下，往往需要采用一种白化处理技术来降低相邻像素的相关性[79-80]。白化处理还能够增强图像的边缘性信息进而提高分类性能，所以它在面向自然图像的无监督特征学习和深度学习应用案例中被广泛采用。这些应用通常将白化处理与主成分分析（Principal Component Analysis，PCA）

技术和零相位成分分析（Zero-phase Component Analysis，ZCA）技术相结合，ZCA 白化就是一种经常被采用的白化处理方式[79-80]。

假设采集到的彩色图像子块尺寸为 $n×n$，那么将图像子块变换到向量形式就可以得到 $m=n×n×3$ 维的向量（图像存在 R，G，B 三个分量）。进行白化变换时需要先对样本进行标准化预处理，以保证样本向量各位置上的均值为零。假设第 i 个经过标准化处理的样本为 $x(i) \in \mathbf{R}^{m×1}$，可以根据式（2-5）计算出能反映样本各维度之间相关性的 $m×m$ 大小的协方差矩阵[81]：

$$\boldsymbol{\Sigma} = \frac{1}{N} \sum_{i=1}^{N} (\boldsymbol{x}(i))(\boldsymbol{x}(i))^{\mathrm{T}} \tag{2-5}$$

式中：N—— 用于无监督特征学习的图像子块样本数量。

然后可以计算出该协方差矩阵的特征向量 $\boldsymbol{u}_1$，$\boldsymbol{u}_2$，$\cdots$，$\boldsymbol{u}_m$ 以及对应的特征值 λ_1，λ_2，$\cdots$，λ_m，那么用于白化处理的 $m×m$ 大小的白化变换系数矩阵 $\boldsymbol{W}_{\mathrm{ZCA\,white}}$ 被定义为[79]：

$$\boldsymbol{W}_{\mathrm{ZCAwhite}} = \boldsymbol{U} \begin{bmatrix} \dfrac{1}{\sqrt{\lambda_1 + \varepsilon}} & 0 & \cdots & 0 \\ 0 & \dfrac{1}{\sqrt{\lambda_2 + \varepsilon}} & \ddots & \vdots \\ \vdots & \ddots & \ddots & 0 \\ 0 & \cdots & 0 & \dfrac{1}{\sqrt{\lambda_m + \varepsilon}} \end{bmatrix} \boldsymbol{U}^{\mathrm{T}} \tag{2-6}$$

式中：$\boldsymbol{U}$—— 特征向量 $\boldsymbol{u}_1$，$\boldsymbol{u}_2$，$\cdots$，$\boldsymbol{u}_m$ 构成的矩阵；

ε—— 加在特征值上的正则化常数。

式（2-6）中的正则化常数 ε 具有重要意义，它既可以解决当特征值接近于 0 时数据上溢导致的不稳定问题，又因其对输入数据的平滑作用而可以对白化变换进行约束[79]。因此，调节该参数可以起到对白化强度进行调整的作用，而由于白化的程度并不是越强越好，所以在实际应用中该参数既不能被设置得过大，也不能过小。当 ε 过小时，白化程度可能过强，这会引入人为噪声性特征；而当 ε 过大时，白化操作可能被过度约束，白化处理就没有效果。所以，只有选择了合适的正则化常数，才能提升特征学习和图像分类性能。

图 2-3 给出了对自然图像进行 ZCA 白化处理的效果示意图，可以发现，白化变

换通过去相关操作能够改变图像块的数据分布。经过白化变换之后，图像块像素间的相关性被降低，并且图像块的边缘信息得到增强。但是需要指出的是，经过白化变换之后图像像素取值将会超出［0，1］范围，甚至可能出现负数。所以在基于自动编码器进行特征学习时，需要去掉输出层的激活函数，而不将输出层响应数值映射到［0，1］范围之内。此时式（2-1）所示的自动编码器隐层响应需要被修正为：

$$a(i) = \sigma(\boldsymbol{Wx}(i) + \boldsymbol{b}_1) = \sigma(\boldsymbol{W}_{AE}\boldsymbol{W}_{ZCA\,white}\boldsymbol{x}(i) + \boldsymbol{b}_1) \tag{2-7}$$

式中：$\boldsymbol{W}_{AE}$——不包括白化处理在内的自动编码器输入权重矩阵。

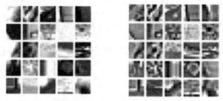

（a）白化处理前的图像块　　（b）白化处理后的图像块

图 2-3　ZCA 白化处理效果示意图

此时的 $\boldsymbol{W}$ 是包括白化处理在内的整体权重参数，而且式（2-2）所示的自动编码器输出层响应也需要被修正为：

$$\hat{\boldsymbol{x}}(i) = \boldsymbol{W}_{AE}^{\mathrm{T}}\boldsymbol{a}(i) + \boldsymbol{b}_2 \tag{2-8}$$

式中：$\boldsymbol{W}_{AE}^{\mathrm{T}}$——自动编码器输出权重矩阵。

对自动编码器进行训练之后，就可以得到用于图像特征提取的整体权重 $\boldsymbol{W} = \boldsymbol{W}_{AE}\boldsymbol{W}_{ZCA\,white}$ 和 $\boldsymbol{b}_1$。由于自动编码器的隐层节点数量为 s，而输入图像块对应向量的维数为 m，所以 $\boldsymbol{W}_{AE}$ 是 $s \times m$ 大小的矩阵。而 $\boldsymbol{W}_{ZCA\,white}$ 是 $m \times m$ 大小的矩阵，所以整体权重 $\boldsymbol{W}$ 也是 $s \times m$ 大小的矩阵，它的元素是连接输入图像块（$\boldsymbol{x}(i) \in \mathbf{R}^{m \times 1}$）和隐层响应（$\boldsymbol{a}(i) \in \mathbf{R}^{s \times 1}$）的网络参数。如果忽略偏置矢量的作用，自动编码器隐层的第 j 个单元响应就是根据权重矩阵 $\boldsymbol{W}$ 的第 j 行参数 $\boldsymbol{w}_j \in \mathbf{R}^{1 \times m}$ 从输入图像块中提取到的特征，$\boldsymbol{w}_j$ 也可以被看成是一个与图像块的每一个像素相对应的特征检测器。如果将 $\boldsymbol{w}_j$ 复原为图像块的原始尺寸（$n \times n \times 3$ 大小的矩阵），再进行标准化处理后以图像的形式显示，就可以对自动编码器所学习到的特征权重进行可视化展示。

图 2-4 给出了利用自动编码器学习到的 100 个特征权重的可视化示意图，图中的

每个子块都代表一个隐层单元和输入图像块之间的权重向量 w_j。可以发现，不同的隐层单元对应着图像块不同位置和方向的边缘，这和人眼视觉特性是相一致的。而且当图像块的像素数值跟某个特征权重相一致时，它能够在较大程度上激活该特征，所以权重可视化也可以被看成是对能激活各个特征的代表性图像块的展示[79]。

图 2-4　自动编码器所学特征权重的可视化表示

2.3.2　基于卷积网络的全局特征提取

在利用稀疏自动编码器从图像子块上学习到局部特征权重之后，这些权重将被用于提取整幅图像的特征。基于卷积自动编码器的图像分类系统利用 CNN 网络的卷积操作在图像上进行扫描，以局部特征权重为探测器来获取全局特征响应。在实际应用中，一般先在 R，G 和 B 三个颜色分量上进行并行二维卷积，然后再将三个分量的结果合并，采用这种方式可以提高效率。如图 2-5 所示，利用稀疏自动编码器得到的局部权重参数先被拆分成三个色彩分量，然后这三个分量分别被用于和 $d \times d$ 大小的图像的三个颜色分量进行卷积，从而得到三个 $(d-n+1) \times (d-n+1)$ 大小的全局特征图案，这三个分量上的特征响应最后被合并在一起得到全局特征响应。需要指出的是，这里的 CNN 仅仅是被用于特征提取，其 CNN 参数是通过无监督特征学习得到的，后续图像分类阶段的有监督训练不会改变这里的 CNN 参数，这与有监督深度

CNN 模型有着实质性的差异。

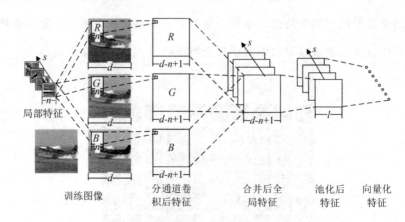

训练图像　　　分通道卷　　合并后全　　池化后　　向量化
　　　　　　　积后特征　　局特征　　　特征　　　特征

图 2-5　基于卷积网络的全局特征提取示意图

接下来还需要采用池化操作来对卷积后的特征响应进行聚合，以降低卷积网络所得特征图案的分辨率。这不仅能降低特征维数从而避免过拟合，还能获得空间上的缩放不变性[82]，具有重要意义。如图 2-6 所示，池化操作的本质是寻找合适的方法将一个 $k \times k$ 区域内的特征响应块 R 聚合为一个响应数值 r。最基本的池化方法是平均池化和最大池化，它们分别取各个特征响应块 R 的平均值和最大值来作为聚合响应结果。尽管目前也存在像随机池化（Stochastic Pooling）[83] 这样的新型池化方法，但平均池化和最大池化仍然是应用最为广泛的池化算法。在实际应用中，池化区域的尺寸可以变化，而且不同的池化区域也可以互相重叠。

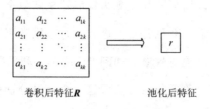

卷积后特征 R　　　　　　　池化后特征

图 2-6　池化操作示意图

池化操作会影响基于深度神经网络的计算机视觉应用性能，比如 Scherer 等人[82] 曾经对基于卷积神经网络的目标识别应用中的池化算法进行评估，得到的结论是在面向图像的应用中采用最大池化能取得更好的识别性能。Boureau 等人[84]也结合视觉识别任务对池化算法进行分析，实验表明当池化区域中的特征响应较为稀疏的时候采用最大池化能取得更好的效果。换句话说，采用哪种池化算法能取得更好的效果和待聚合的特征响应数据是有关系的。而上一节中提到的白化处理能够改变输入数据的分布，从而会间接地影响特征响应分布，所以在这种情况下最大池化就未必能取得更好效果。因此，本章在后续的图像分类实验中对不同白化和池化条件下的分类性能进行了验证。

2.3.3　Softmax 和 LR 分类器

基于卷积网络提取到的特征响应最终被以向量形式送入分类器进行有监督训练，本书在分类实验中采用了机器学习领域中被广泛采用的 Softmax 和 LR 分类器。Softmax 模型适用于多分类任务，而 LR 模型适用于二分类任务，但是两者在实质上是统一的。对于二分类任务，假设最后从第 i 个样本提取到的特征为 $v(i)$，其对应的标记值 $y^{(i)} \in \{0, 1\}$，LR 模型中用于表示一个样本对应标记"1"的概率的预测函数为：

$$h_\theta(v(i)) = p(y^{(i)} = 1 | v(i)) = \frac{\exp(\boldsymbol{\theta}^{\mathrm{T}} v(i))}{1 + \exp(\boldsymbol{\theta}^{\mathrm{T}} v(i))} \tag{2-9}$$

式中：$\boldsymbol{\theta}$—— LR 模型的参数向量。

而一个样本对应标记"0"的概率为：

$$p(y^{(i)} = 0 | v(i)) = 1 - h_\theta(v(i)) = \frac{1}{1 + \exp(\boldsymbol{\theta}^{\mathrm{T}} v(i))} \tag{2-10}$$

此时的 LR 模型代价函数可以表示为[79]：

$$J_{\mathrm{LR}}(\theta) = -\frac{1}{M} \Big[\sum_{i=1}^{M} (y^{(i)} \log_2(h_\theta(v(i))) + (1 - y^{(i)}) \log_2(1 - h_\theta(v(i)))) \Big] \tag{2-11}$$

式中：M—— 用于 LR 训练的样本数量。

而 Softmax 模型相当于是 LR 模型的推广，假设分类结果有 Q 种，此时的标记值可以表示为 $y^{(i)} \in \{0, 1, \cdots, Q\}$。因此，Softmax 模型用一个 Q 维向量来表示某样本对应各个标记值的概率，而此时的模型参数是一个 Q 列的矩阵，矩阵的每一列 $\boldsymbol{\theta}(1), \boldsymbol{\theta}(2), \cdots, \boldsymbol{\theta}(Q)$ 是对应各个标记值的连接参数。假设第 i 个样本对应的特征向量为 $v(i)$，Softmax 模型中该样本对应各个标记值的概率可以表示为：

$$h_\theta(v(i)) = \begin{bmatrix} p(y^{(i)} = 1 \mid \boldsymbol{v}(i)) \\ p(y^{(i)} = 2 \mid \boldsymbol{v}(i)) \\ \vdots \\ p(y^{(i)} = Q \mid \boldsymbol{v}(i)) \end{bmatrix} = \frac{1}{\displaystyle\sum_{q=1}^{Q} \exp(\boldsymbol{\theta}(q)\boldsymbol{T}\boldsymbol{v}(i))} \begin{bmatrix} \exp(\boldsymbol{\theta}(1)\boldsymbol{T}\boldsymbol{v}(i)) \\ \exp(\boldsymbol{\theta}(2)\boldsymbol{T}\boldsymbol{v}(i)) \\ \vdots \\ \exp(\boldsymbol{\theta}(Q)\boldsymbol{T}\boldsymbol{v}(i)) \end{bmatrix}$$

$$(2\text{-}12)$$

式中：q—— 对应 Q 个标记值的序号。

此时的 Softmax 模型代价函数可以表示为[79]：

$$J_{\text{Softmax}}(\boldsymbol{\theta}) = -\frac{1}{M}\left[\sum_{i=1}^{M}\sum_{q=1}^{Q} 1\{y^{(i)} = q\}\log_2 \frac{\exp(\boldsymbol{\theta}(q)\boldsymbol{T}\boldsymbol{v}(i))}{\displaystyle\sum_{q=1}^{Q}\exp(\boldsymbol{\theta}(q)\boldsymbol{T}\boldsymbol{v}(i))} \right] \qquad (2\text{-}13)$$

式中：$1\{\cdot\}$ —— 指示函数，当括号内条件成立时取值为 1，否则取值为 0。

对 Softmax 和 LR 模型进行有监督训练后，就可以得到对未经标注样本进行分类和预测的网络参数 $\boldsymbol{\theta}$。Softmax 模型可以被看成是 LR 模型的推广，而 LR 模型可以被看成是 Softmax 模型的特例，它们的输出都是样本对应各标记结果的概率，这些概率是进行分类和预测的根据。另外，为了避免过拟合，也可以在 Softmax 和 LR 模型的代价函数中加入权重衰减项，用权重衰减系数来控制参数幅度。

2.3.4　实验结果与分析

本章基于卷积稀疏自动编码器进行图像分类，在实验中重点关注白化处理参数和池化方法的选择问题。实验所用的数据集是 STL-10[69]，该数据集是用于无监督特征学习和深度学习算法开发的图像识别数据集，它是由研究人员在 CIFAR-10 数据集[85]的启发下而创建的。与 CIFAR-10 不同的是，该数据库具有较少的有标记样本，但是却提供了多达 100 000 个无标记样本用于无监督学习，而且其无标记数据与有标记数据尽管相似却具有不同的分布。用于有监督训练的有标记数据包括飞机、鸟、汽车、猫、鹿、狗、马、猴、轮船和卡车这 10 类图像，每种类别包含 500 个训练样本和 800 个测试样本。与此同时，该数据集还提供了一个缩减版的训练和测试集合，包括飞机、汽车、猫和狗四类图像样本。无标记样本和完整版的训练测试集合样本尺寸为 96×96，而缩减版的训练测试集合样本尺寸为 64×64，本章的分类实验主要在缩减版的数据集上进行。

实验首先在 STL-10 数据库的 100 000 个无标记样本上进行随机采样，得到用于无监督特征学习的 100 000 个 8×8 的图像子块。在预处理阶段，分别采用不同正则化常数（ε=1，0.1 和 0.01）进行白化变换，而且还开展了不进行白化处理条件下的实验。在基于稀疏自动编码器的无监督特征学习实验中，自动编码器具有 400 个隐层单元，其他参数设置为：权重衰减系数 $\lambda=3\times10^{-3}$，稀疏性约束权重 $\beta=5$，稀疏性参数 $\rho=0.03$。图 2-7 给出了采用不同白化处理参数情况下前 100 个图像采样子块的白化效果示意图，而图 2-8 给出了与之相对应的无监督特征学习所得特征权重的可视化表示。

从图 2-7 和图 2-8 可以看出，白化处理的确能对采集到的图像子块和稀疏自动编码器所学特征造成影响，在采用白化处理的条件下图像子块的边缘被增强，并且在这种情况下稀疏自动编码器能学习到更多的边缘性特征。而且，白化处理时正则化常数 ε 的取值也会对学习效果造成影响。如图 2-8 所示，当正则化常数的取值过大时（ε=1），图像被模糊化，此时的特征边缘不明显。而当正则化常数的取值过小时（ε=0.01），图像被过度白化，此时的特征中又含有明显噪声。因此，白化变换中正则化常数 ε 的数值既不能过大也不能过小。

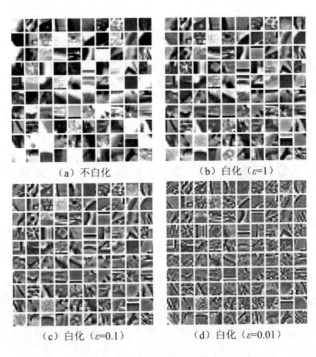

(a) 不白化　　　　　　　(b) 白化（ε=1）

(c) 白化（ε=0.1）　　　　(d) 白化（ε=0.01）

图 2-7　不同条件下的白化效果示意图

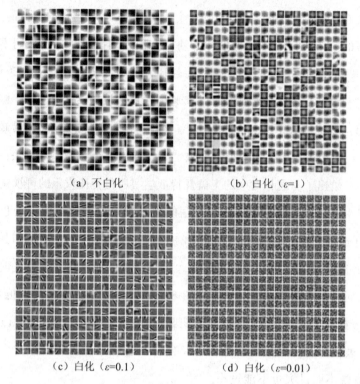

（a）不白化　　　　　　　　（b）白化（ε=1）

（c）白化（ε=0.1）　　　　　（d）白化（ε=0.01）

图 2-8　不同白化条件下稀疏自动编码器所学特征权重的可视化表示

在基于稀疏自动编码器学习到特征权重之后，这些权重被用于对有标记的训练和测试样本进行全局特征提取。在基于卷积网络的全局特征提取阶段，本章分别采用了区域不重叠的最大池化和平均池化两种方法，并且选取了 19×19 和 5×5 两种池化区域尺寸。最后采用加入了权重衰减项的 Softmax 模型对选取各种白化和池化参数条件下的图像分类性能进行了测试，Softmax 模型的权重衰减系数被设置为 $1×10^{-4}$，训练阶段的最大迭代次数被设置为 200。表 2-1 和图 2-9 给出了各种条件下的图像分类准确率测试结果。

从表 2-1 和图 2-9 的实验结果可以看出，不管采用什么池化参数，合适的白化处理（例如 ε=0.1）都能够明显地提升分类性能，这从分类性能的角度说明了进行合适白化处理的必要性。但是当白化处理的正则化常数取值过大或者过小时，白化处理甚至可能导致分类性能的下降。例如，在池化区域尺寸为 19×19 的情况下，白化正则化常数 ε=1 时取得的分类准确率比不白化情况下的分类准确率还要低。这些实验数据和图 2-8 的实验结果也是相一致的，当正则化常数 ε=1 时，基于稀疏自动编码器得到的特征权重从直观上看也较为模糊。以上这些结果进一步说明了选择合适白化参数的重要性，而且从实验结果可以看出，过小的池化区域尺寸未必能带来分类性能的改善。

表 2-1 不同白化和池化条件下的图像分类准确率（%）

池化区域尺寸	池化方法	不白化	白化（$\varepsilon=1$）	白化（$\varepsilon=0.1$）	白化（$\varepsilon=0.01$）
19×19	平均池化	75.44	74.53	81.31	80.00
	最大池化	77.75	74.97	79.84	77.50
5×5	平均池化	72.53	73.53	78.38	75.97
	最大池化	75.34	74.25	77.56	74.56

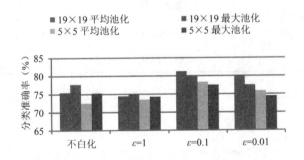

图 2-9 不同白化和池化条件下的图像分类准确率

另外，从表 2-1 和图 2-9 的实验结果还可以看出，在没有进行白化处理的情况下，最大池化方法能取得比平均池化更好的分类效果；而在进行了合适白化处理的情况下，平均池化方法反而能取得更好的分类性能。这是因为白化处理对图像子块和自动编码器所学特征权重造成了影响，在采用白化处理的条件下，卷积后得到的特征响应不是很稀疏，所以采用平均池化更为合适。这些结果说明在基于卷积自动编码器进行图像分类时，最大池化方法并不一定能在所有条件下表现出更好的性能，白化处理会影响特征响应的分布，也会间接影响对池化方法的选择。

此外，本章还对重叠池化方法对应的图像分类性能进行了测试。实验结果显示在池化区域尺寸为 19×19 和白化正则化常数 $\varepsilon = 0.1$ 时分类系统具有更好的性能，因此本章在重叠池化实验中仅对池化区域尺寸为 19×19 时进行白化（$\varepsilon = 0.1$）和不进行白化的图像分类性能进行测试，池化步长为 5 和 10。表 2-2 和图 2-10 给出了各种条件下的图像分类准确率测试结果，从这些实验结果可以得出与非重叠池化实验相似的结论：合适的白化处理能提高图像分类性能，而且在不进行白化处理的条件下采用最大池化方法能获得更好的图像分类性能，而在采用白化处理的情况下平均池化方法表现得更为优秀。

表 2-2 采用重叠池化方法时不同白化条件下的图像分类准确率（%）

池化区域尺寸	池化步长	池化方法	不白化	白化（$\varepsilon = 0.1$）
19×19	10	平均池化	75.80	81.34
		最大池化	78.12	80.22
	5	平均池化	76.06	81.78
		最大池化	78.56	80.50

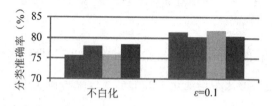

图 2-10 采用重叠池化方法时不同白化条件下的图像分类准确率

2.4 *YUV* 空间中的无监督特征学习

现有基于稀疏自动编码器的彩色图像无监督特征学习研究主要是在 *RGB* 颜色空间开展的，而实际应用中的图像和视频数据有可能存在于压缩域的 *YUV* 颜色空间。在这种情况下，如果有可能直接在 *YUV* 空间开展无监督特征学习就可以避免颜色空间转换操作，从而降低运算复杂度。正是基于这样的目的，本章还尝试在 *YUV* 空间开展基于稀疏自动编码器的无监督特征学习和图像分类实验，并且进一步对基于卷积自动编码器的图像分类方案中的白化和池化等关键技术进行研究。

但是 *YUV* 空间与 *RGB* 空间存在很大的差异，比如在 *YUV* 空间中亮度信息和色度信息是相互独立的[86]。在这种情况下，采用和 *RGB* 空间一样的方法就不一定能达到最好效果。比如，*RGB* 空间的白化处理将图像块三个颜色分量上的所有数据排列成向量，并分析向量所有位置之间的相关性，这相当于是在分析 *RGB* 空间中图像块的所有位置和分量上数据之间的相关性。而 *YUV* 空间中的亮度分量数据和色度分量数据本身就是独立的，采用这种分析方式不一定能取得理想效果，甚至可能降低特征学习和图像分类性能。在这种背景下，本节在 *YUV* 空间中进行无监督特征学习时，将亮度分量数据和色度分量数据分开进行白化处理。

2.4.1 方法描述

本章在 *YUV* 空间中进行无监督特征学习和图像分类时采用和 *RGB* 空间一样的框架和模型，但是针对 *YUV* 空间的特点提出了一种新的白化处理方法。*RGB* 空间的白化处理将图像块的三个分量数据组合成一个向量，为了描述方便，此处将其命名为联合白化（Joint-Whitening，J-W）。而本章提出了一种分离白化（Independent-Whitening，I-W）方法，将亮度和色度分量分开处理。

仍然假设采集到的彩色图像子块尺寸为 $n \times n$，那么将 *YUV* 空间中的图像子块变换到向量形式并将亮度信息和色度信息分离，就可以得到一个 $t = n \times n$ 维的亮度分量向量和一个 $2t = n \times n \times 2$ 维的色度分量向量。进行白化变换时仍然需要对分量数据进行标准化预处理，以保证向量各位置上的均值为零。然后，可以计算出亮度分量数据对应的协方差矩阵：

$$\boldsymbol{\Sigma}_Y = \frac{1}{N} \sum_{i=1}^{N} (\boldsymbol{x}(i)_Y)(\boldsymbol{x}(i)_Y)^{\mathrm{T}} \tag{2-14}$$

式中：$\boldsymbol{x}(i)_Y$ —— 图像块的亮度分量向量；

N—— 用于无监督特征学习的图像子块样本数量。

同理，色度分量数据对应的协方差矩阵为：

$$\boldsymbol{\Sigma}_{UV} = \frac{1}{N} \sum_{i=1}^{N} (\boldsymbol{x}(i)_{UV})(\boldsymbol{x}(i)_{UV})^{\mathrm{T}} \tag{2-15}$$

式中：$\boldsymbol{x}(i)_{UV}$ —— 图像块的色度分量向量。

然后，可以计算出亮度分量协方差矩阵的特征向量并组合成矩阵 $\boldsymbol{U}_Y$，并得到特征值 $\lambda_1^Y, \lambda_2^Y, \cdots, \lambda_t^Y$，那么 $t \times t$ 大小的亮度分量白化变换系数矩阵被定义为：

$$\boldsymbol{W}_{\mathrm{ZCAwhite}}^{Y} = \boldsymbol{U}_Y \begin{bmatrix} \frac{1}{\sqrt{\lambda_1^Y + \varepsilon_Y}} & 0 & \cdots & 0 \\ 0 & \frac{1}{\sqrt{\lambda_2^Y + \varepsilon_Y}} & \ddots & \vdots \\ \vdots & \ddots & \ddots & 0 \\ 0 & \cdots & 0 & \frac{1}{\sqrt{\lambda_t^Y + \varepsilon_Y}} \end{bmatrix} \boldsymbol{U}_Y^{\mathrm{T}} \tag{2-16}$$

式中：ε_Y——加在亮度分量特征值上的正则化常数。

同理，可以计算出色度分量协方差矩阵的特征向量并组合成矩阵 $\boldsymbol{U}_{UV}$，并得到特征值 $\lambda_1^{UV}, \lambda_2^{UV}, \cdots, \lambda_{2t}^{UV}$，那么 $2t \times 2t$ 大小的色度分量白化变换系数矩阵被定义为：

$$\boldsymbol{W}_{\mathrm{ZCA\ white}}^{UV} = \boldsymbol{U}_{UV} \begin{bmatrix} \frac{1}{\sqrt{\lambda_1^{UV} + \varepsilon_{UV}}} & 0 & \cdots & 0 \\ 0 & \frac{1}{\sqrt{\lambda_2^{UV} + \varepsilon_{UV}}} & \ddots & \vdots \\ \vdots & \ddots & \ddots & 0 \\ 0 & \cdots & 0 & \frac{1}{\sqrt{\lambda_{2t}^{UV} + \varepsilon_{UV}}} \end{bmatrix} \boldsymbol{U}_{UV}^{T} \tag{2-17}$$

式中：ε_{UV}——加在色度分量特征值上的正则化常数。

最后，可以将亮度分量和色度分量上的白化变换系数矩阵合并，得到 YUV 空间中的白化处理变换矩阵：

$$
\boldsymbol{W}_{\mathrm{ZCA\ white}}^{YUV} =
\begin{bmatrix}
\left[\boldsymbol{W}_{\mathrm{ZCA\ white}}^{Y}\right]_{t\times t} &
\begin{bmatrix} 0 & \cdots & 0 \\ \vdots & \ddots & \vdots \\ 0 & \cdots & 0 \end{bmatrix}_{t\times 2t} \\
\begin{bmatrix} 0 & \cdots & 0 \\ \vdots & \ddots & \vdots \\ 0 & \cdots & 0 \end{bmatrix}_{2t\times t} &
\left[\boldsymbol{W}_{\mathrm{ZCA\ white}}^{UV}\right]_{2t\times 2t}
\end{bmatrix}
\tag{2-18}
$$

此外，图像视频压缩编码算法通常根据人眼对亮度分量更为敏感这一特点，区别对待亮度数据和色度数据。因此，可以据此对分离白化方法进行简化处理，即仅对亮度分量数据进行白化处理。本书将这种简化方法定义为单亮度白化（Yonly-Whitening，Y-W），其对应的白化处理变换矩阵为：

$$
\boldsymbol{W}_{\mathrm{ZCAwhite}}^{\mathrm{Y-only}} =
\begin{bmatrix}
\left[\boldsymbol{W}_{\mathrm{ZCAwhite}}^{Y}\right]_{t\times t} &
\begin{bmatrix} 0 & \cdots & 0 \\ \vdots & \ddots & \vdots \\ 0 & \cdots & 0 \end{bmatrix}_{t\times 2t} \\
\begin{bmatrix} 0 & \cdots & 0 \\ \vdots & \ddots & \vdots \\ 0 & \cdots & 0 \end{bmatrix}_{2t\times t} &
\begin{bmatrix} 1 & \cdots & 0 \\ \vdots & \ddots & \vdots \\ 0 & \cdots & 1 \end{bmatrix}_{2t\times 2t}
\end{bmatrix}
\tag{2-19}
$$

2.4.2 实验结果与分析

在 2.3.4 节实验的基础上，本节将样本转换到 YUV 空间后继续开展无监督特征学习和图像分类实验。在无监督特征学习阶段，采用和前面 RGB 空间实验一样的稀疏自动编码器模型和训练参数。但是在进行白化处理时，除了采用传统的联合白化方法之外，还对本节提出的分离白化和单亮度白化方法进行了测试，并且多选择了两个白化处理正则化常数（取值 0.5 和 0.05）以进行充分比较。此外，也在 YUV 空间开展不进行白化处理的实验，并且补充 RGB 空间的实验以进行性能比较。

图 2-11 和图 2-12 给出了在采用传统的 J-W 方法进行白化处理（ε＝1，0.5，0.1，0.05 和 0.01）以及不进行白化处理时，在 RGB 空间和 YUV 空间基于稀疏自动编码器所学特征权重的可视化表示。可以看出，即便是采用传统白化方式，在 YUV 空间基于稀疏

自动编码器进行无监督特征学习也是可行的。而且从直观上看，白化处理正则化常数的选择对两个颜色空间的无监督特征学习效果都有影响。在不进行白化处理和 ε 取值过大的情况下（ε＝1 和 0.5），特征权重显得较为模糊。但是与之相反，如果白化处理正则化常数取值太小（ε＝0.01），会出现白化过度的情况，这时候的特征权重在直观上呈现出明显噪声。从总体上看，在白化处理正则化常数取 0.1 和 0.05 时，学习到的特征权重表现出更明显的"边缘性"。图 2-11 和图 2-12 的结果说明了在基于稀疏自动编码器进行无监督特征学习时白化处理正则化常数选择的关键性。

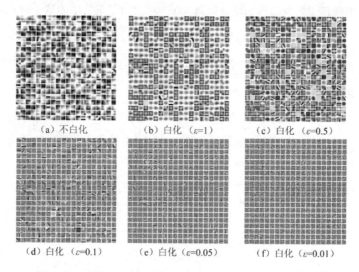

（a）不白化　　　　（b）白化（ε=1）　　　　（c）白化（ε=0.5）

（d）白化（ε=0.1）　　（e）白化（ε=0.05）　　　（f）白化（ε=0.01）

图 2-11　采用 J-W 方法从 *RGB* 空间中学习到的特征权重

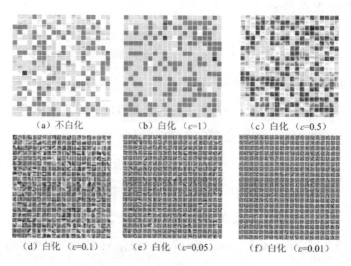

（a）不白化　　　　（b）白化（ε=1）　　　　（c）白化（ε=0.5）

（d）白化（ε=0.1）　　（e）白化（ε=0.05）　　　（f）白化（ε=0.01）

图 2-12　采用 J-W 方法从 *YUV* 空间中学习到的特征权重

如果仅从"边缘性"的角度考量，从 YUV 空间中学习到的特征权重逊色于从 RGB 空间中学习到的特征权重。比如在白化处理正则化常数 ε 取值为 0.1 的情况下，稀疏自动编码器在 RGB 空间所学特征权重呈现出更为清晰的边缘。而在 YUV 空间，尽管在 ε 取值为 0.05 和 0.1 时特征权重也具有边缘特性，但是与 ε 取值为 0.1 时从 RGB 空间中学习到的权重相比效果要差。这主要是因为 YUV 空间的亮度分量信息和色度分量信息之间是相互独立的，采用传统的 J-W 方式进行去相关处理并不合适。

如果要基于本章所提出的分离白化方法进行无监督特征学习，需要面临亮度和色度两个分量的白化处理正则化常数选择问题。为此，本章在实验中先采用单亮度白化方法仅对亮度分量进行白化处理，在确定合适的亮度分量正则化常数后再进行色度分量正则化常数选择。在采用 Y-W 方法进行白化处理时，学习到的色度分量特征会比较模糊，如果将所有特征权重合并在一起进行视觉化表示，亮度分量特征的边缘会被遮挡。因此，图 2-13 仅给出了亮度分量特征权重的视觉化表示。

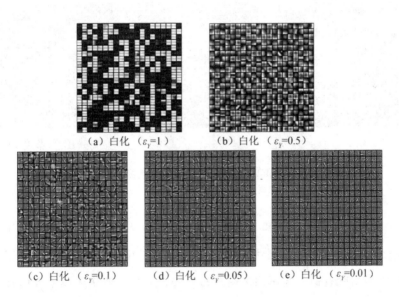

(a) 白化（ε_Y=1）　　(b) 白化（ε_Y=0.5）

(c) 白化（ε_Y=0.1）　(d) 白化（ε_Y=0.05）　(e) 白化（ε_Y=0.01）

图 2-13　采用 Y-W 方法从 YUV 空间中学习到的亮度分量特征权重

从图 2-13 可以看出，只要对亮度分量数据进行合适白化处理就可以得到较为理想的边缘性特征。而且与采用联合白化方法的无监督特征学习一样，白化处理正则化常数的选择也会对无监督特征学习效果造成影响。例如，当 $\varepsilon_Y = 0.1$ 和 $\varepsilon_Y = 0.05$ 时，亮度分量上的特征权重从视觉上显示出更好的效果。结合后续的实验，本章在实验中选择 $\varepsilon_Y = 0.05$，并在此前提下选择不同的色度分量正则化常数进行实验。图 2-14 给出了在此条件下，选用不同的色度正则化常数从 YUV 空间中学习到的局部特征权重。可以发现，$\varepsilon_{UV} = 0.01$ 时的实验结果比较差。而且从视觉效果上看，与 $\varepsilon_Y = 0.1$ 和 $\varepsilon_Y = 0.05$ 条件下的 Y-W 白化效果相比，进一步对色度分量数据进行白化处理得到的特征权重并没有显示出更好的边缘特性。

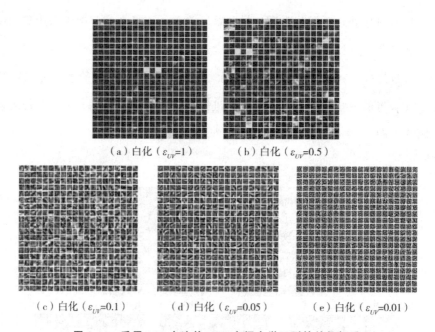

（a）白化（$\varepsilon_{UV}=1$）　　　　（b）白化（$\varepsilon_{UV}=0.5$）

（c）白化（$\varepsilon_{UV}=0.1$）　　　（d）白化（$\varepsilon_{UV}=0.05$）　　　（e）白化（$\varepsilon_{UV}=0.01$）

图 2-14　采用 I-W 方法从 YUV 空间中学习到的特征权重

在选用各种白化处理方法和参数基于稀疏自动编码器得到局部特征权重之后，就可以用其在有标记样本中提取全局特征并送入分类器开展图像分类实验。本章选用和前面 RGB 空间实验近似的卷积网络模型和参数，不进行池化区域重叠而且池化区域尺寸设置为 19×19。但是结合 2.3.4 节实验结果，在进行了白化处理的情况下采用平均池化，在没有进行白化处理的情况下采用最大池化。最后采用加入了权重衰减项的 Softmax 模型进行图像分类，Softmax 模型的权重衰减系数为 1×10^{-4}，最大迭代次数为 200。表 2-3 给出了采用联合白化方法时各种条件下的图像分类准确率测试结果。

表 2-3　采用联合白化方法时的图像分类准确率（%）

颜色空间	不白化	白化 ($\varepsilon=1$)	白化 ($\varepsilon=0.5$)	白化 ($\varepsilon=0.1$)	白化 ($\varepsilon=0.05$)	白化 ($\varepsilon=0.01$)	最大值
RGB	77.75	74.53	79.38	81.31	81.59	80.00	81.59
YUV	73.34	69.00	74.66	81.11	81.19	81.00	81.19

从表 2-3 可以看出，YUV 空间中基于稀疏自动编码器的图像分类性能要略逊色于 RGB 空间，但是只要选取合适的白化正则化常数，在 YUV 空间也可以获得较好的图像分类性能。比如正则化常数为 0.05 时的图像分类准确率为 81.19%，与在 RGB 空间得到的最高准确率相比只降低了 0.4%，这说明基于稀疏自动编码器在 YUV 空间开展无监督特征学习和图像分类是可行的。考虑到 RGB 空间和 YUV 空间的差异，本章选取了更多的白化正则化常数取值并开展图像分类实验，绘制反映图像分类准确率和正则化常数取值之间关系的曲线图。如图 2-15 所示，虽然 YUV 空间与 RGB 空间存在差异，但是总体来说，图像分类准确率和白化正则化常数取值之间的关系是大概一致的。选用某个取值范围内的正则化常数能获得比较好的图像分类性能，但是当正则化常数太大或者太小时，图像分类性能有不同程度的下降。另外，从整体上看，YUV 空间中的图像分类性能与 RGB 空间相比略有下降。

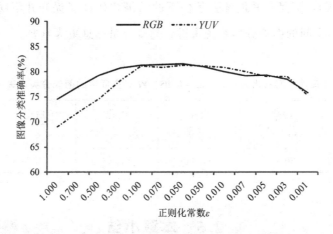

图 2-15　采用联合白化方法时的图像分类结果趋势图

以上的实验结果与图 2-11 和图 2-12 所示的无监督特征学习效果是一致的，但是

YUV 空间中基于联合白化的无监督特征学习和图像分类对正则化常数的选择更为敏感。例如在 $\varepsilon=1$ 时，YUV 空间中的图像分类准确率只有 69.00%。本章还继续开展了采用单亮度白化和分离白化方法时的图像分类实验，表 2-4 给出了在 YUV 空间基于单亮度白化方法进行无监督特征学习时得到的图像分类准确率。可以发现，当在 YUV 空间的亮度分量数据上进行合适的白化处理时，居然可以获得优于 RGB 空间的分类性能。比如在 $\varepsilon_Y=0.05$ 的情况下，可以得到 81.61% 的分类准确率，这说明了对亮度分量进行合适白化的重要性。

表 2-4　采用单亮度白化方法时 YUV 空间中的图像分类准确率（%）

白化情况	白化 $(\varepsilon_Y=1)$	白化 $(\varepsilon_Y=0.5)$	白化 $(\varepsilon_Y=0.1)$	白化 $(\varepsilon_Y=0.05)$	白化 $(\varepsilon_Y=0.01)$
准确率	69.66	74.53	80.38	81.61	81.25

表 2-5 给出了在 $\varepsilon_Y=0.05$ 的条件下采用分离白化方法得到的图像分类准确率。可以发现，只要对亮度分量进行合适的白化处理，不管在色度分量上怎么选取白化参数都可以获得 80% 以上的图像分类准确率。但是在这种情况下，仍需要选择色度分量上的白化正则化常数，以获得更好的图像分类性能，即使色度分量上的白化参数调整对整体分类性能影响较小。比如在 $\varepsilon_{UV}=0.05$ 时，系统获得了较好的分类效果（准确率为 81.64%），但是与其他参数条件下的结果相比性能提升并不明显。这些结果表明：对 YUV 空间的图像分类系统来讲，亮度分量信息更为重要。

表 2-5　采用分离白化方法时（$\varepsilon_Y=0.05$）YUV 空间中的图像分类准确率（%）

白化情况	白化 $(\varepsilon_{UV}=1)$	白化 $(\varepsilon_{UV}=0.5)$	白化 $(\varepsilon_{UV}=0.1)$	白化 $(\varepsilon_{UV}=0.05)$	白化 $(\varepsilon_{UV}=0.01)$
准确率	80.88	81.41	81.22	81.64	80.25

2.5　本章小结

本章主要对基于稀疏自动编码器的无监督特征学习技术进行研究，并以卷积网络和 Softmax 分类器为辅助将无监督特征学习应用于图像分类，重点研究和分析了卷积自动编码器中的白化处理以及池化操作技术对无监督特征学习和图像分类性能的影响。实验结果表明，白化处理能够改善无监督特征学习效果进而提高图像分类性能，但是在进行白化处理时，需要选择合适的正则化常数以对白化程度进行约束。太大或者太小的正则化常数会导致白化程度过低或者过高，从而影响无监督特征学习和图像分类效果。此外，白化处理会对图像数据的分布造成影响，进而会改变基于卷积网络提取到的特征响应的稀疏性，所以在选择卷积自动编码器的池化方式时需要考虑这种影响。本章实验显示：在采取白化处理的前提下，采用平均池化方法能获得更好的图像分类性能。在此基础上，本章还尝试在 YUV 空间进行无监督特征学习和图像分类。实验结果表明：在 YUV 空间基于稀疏自动编码器进行无监督特征学习也是可行的，但是在进行白化变换时将亮度分量单独处理会得到更好的效果。以上这些工作和结论不但为基于稀疏自动编码器的无监督特征学习研究和应用带来启发，而且为本书基于无监督特征学习的抽象图像情感分类研究打下了基础。

3 基于跨领域卷积稀疏自动编码器的
抽象图像情感分类

3.1 引　　言

考虑到图像情感语义产生机制的差异，本书在面向抽象图像的情感语义分析研究中采用将图像特征映射到情感表示空间的方式。传统的抽象图像情感语义理解研究主要提取颜色和纹理等底层视觉特征，而本书在对基于稀疏自动编码器的无监督特征学习进行研究的基础上将其应用于抽象图像情感分类。无监督特征学习不需要有标记样本，但是在特征学习阶段需要大量的无标记数据，而抽象图像情感语义分析领域的样本数量普遍较少，这给开展特征学习训练带来困难。不过，基于稀疏自动编码器的无监督特征学习的本质在于通过数据重建训练来发现代表性特征，从理论上来讲并不要求无监督学习阶段的训练数据和有监督学习阶段的训练数据具有相同的分布。因此，有可能借助领域自适应和迁移学习技术来解决抽象图像情感语义分析领域样本有限的问题。

在这种背景下，本章借助知识迁移方法基于跨领域卷积稀疏自动编码器从情感语义层面对抽象图像进行区分，首先对基于稀疏自动编码器的自我学习和知识迁移技术进行介绍，然后分别开展情感层面的抽象绘画和织物图像分类研究。在抽象绘画图像情感语义分析中，先从第2章实验用到的大型无标记图像数据库 STL-10 中学习局部特征，然后借助卷积网络在抽象绘画情感语义分析领域的有标记样本中提取全局特征，并基于 DES 和 CES 模型进行情感分类。而在织物图像情感语义分析中，本章建立了用于情感分类的织物图像基准数据库以解决验证数据库欠缺的问题，并在基于跨领域卷积稀疏自动编码器进行情感分类的基础上，提出了一种基于相关分析的特征选择方法对稀疏自动编码器所学特征权重进行筛选。

3.2　基于稀疏自动编码器的自我学习与知识迁移

近年来，旨在实现跨领域知识共享的迁移学习和领域适应技术成为研究热点[87-88]。而无监督特征学习可以根据其无监督训练阶段和有监督训练阶段的数据分布情况分为两种模式：半监督学习（Semi-supervised Learning）模式和自我学习（Self-taught Learning）模式[79]。半监督学习要求用于特征学习的无标注数据和用于有监督学习的有标注数据具有相同的分布，而自我学习不要求用于特征学习的数据和用于有监督学习的数据具有完全相同的分布，所以它可以被看成是一种开展迁移学习的有效手段，这极大地拓展了无监督特征学习技术的应用范围。迄今为止，基于自动编码器的迁移学习方法已经被成功应用于自然语言处理和语音情感分析等领域并取得良好效果[89-92]。

如图 3-1（a）所示，基于稀疏自动编码器的无监督特征学习通过数据重建来发现用于特征提取的权重参数。假设用于无监督特征学习的无标记样本为 $x_t(i) \in \mathbf{R}^{m \times 1}$，在考虑偏置矢量的情况下，稀疏自动编码器最后学习到的是对应 m 维输入样本数据的权重系数 $\mathbf{W}$ 和 $\mathbf{b}_1$。如图 3-1（b）所示，假设用于有监督训练的样本为 $x_t(i) \in \mathbf{R}^{m \times 1}$，面向有标记样本的特征提取就是利用权重系数 $\mathbf{W}$ 和 $\mathbf{b}_1$ 在样本上进行探测，以得到特征响应：

$$a_t(i) = \sigma(\mathbf{W}x_t(i) + \mathbf{b}_1) \tag{3-1}$$

式中：$a_t(i)$ —— 样本的特征响应；

　　$\sigma(\cdot)$ —— 将响应数值映射到 [0, 1] 范围的激活函数。

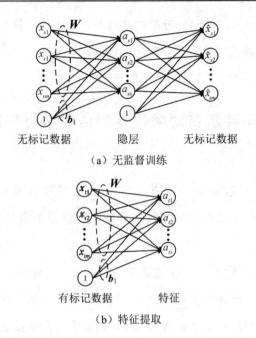

（a）无监督训练

（b）特征提取

图 3-1　基于自动编码器的无监督特征学习示意图

在得到有标记样本的特征响应之后，这些响应就可以被送入 SVM、LR 和 Soft-max 等有监督训练模型开展训练。无监督训练并不需要数据的标记信息，所以无监督特征学习阶段的网络参数与训练数据的标记值没有关系，训练得到的权重仅仅是数据得以自我重构的关键参数。如果 $x_t(i)$ 和 $x_s(i)$ 的数据分布不相同，无监督特征学习采用的就是自我学习模式。这时候的无监督特征学习就相当于是在做迁移学习和领域适应，或者说是从某个源领域中学习知识并将其应用于其他目标领域，而源领域和目标领域的数据可以具有不同的分布。

3.3　抽象绘画情感分类

因为抽象绘画没有明确的具象含义，所以建立抽象绘画图像特征和情感语义之间的映射关系具有可行性。现有抽象绘画图像情感语义分析研究主要提取颜色和纹理等底层视觉特征[93-95]，而本章尝试将无监督特征学习技术应用于抽象绘画图像情感语义分析，基于稀疏自动编码器进行特征学习并在情感层面上开展抽象绘画图像分类。

但是现有抽象绘画图像情感语义分析领域的样本库仅有一两百张图片[9,13,93]，连无监督特征学习需要的大量无标记样本也无法提供，这给基于无监督特征学习的图像分类带来困难。为此，本章在将无监督特征学习应用于抽象绘画情感分类时采用 3.2 节所述的迁移学习方法，从抽象绘画领域之外的无标记数据中学习特征。

3.3.1 方法描述

本章在进行抽象绘画图像情感分类时采用 2.3 节提到的卷积自动编码器模型，但与之前的图像分类不同的是，本章基于迁移学习思想利用目标领域之外的无标记样本进行无监督特征学习。如图 3-2 所示，本章所采用的抽象绘画图像情感分类系统整体框架可以分为三个主要组成部分：

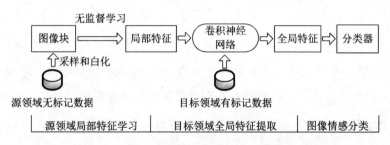

图 3-2　抽象绘画图像情感分类系统整体框架

（1）源领域局部特征学习

本章在进行抽象图像情感分类时借用第 2 章提到的大型无标记图像数据库 STL-10，从中采集图像子块并根据第 2 章实验结果选择合适正则化常数进行白化处理，然后基于带稀疏约束的单隐层自动编码器进行无监督训练，得到与图像子块相对应的局部特征权重。

（2）目标领域全局特征提取

在得到局部特征权重系数之后，基于卷积神经网络以并行二维卷积方式提取目标领域中抽象绘画图像的全局特征响应。根据第 2 章实验结果，在进行白化处理的前提下采用平均池化方法对特征响应进行聚合，并将特征响应转换成向量形式。

（3）图像情感分类

由于本书在对抽象图像进行情感分类时进行的是二分类，所以在有监督训练阶段采用 2.3.3 节所述的 LR 模型。将从抽象绘画图像中提取到的全局特征响应送入 LR 分类器，基于样本标记信息开展有监督训练和测试，并通过与传统方法进行对比来评价基于稀疏自动编码器和迁移学习的抽象绘画情感分类性能。

3.3.2　数据库和情感模型

目前在抽象绘画情感语义分析领域主要存在两个基准数据库：Abstract100[9,93] 和 Abstract280[13]，图 3-3 给出了这两个数据库的样例图像。可以看出，这些图像没有明确的认知含义，主要依靠色彩和纹理表达情感信息。Abstract100 数据库包含 100 幅通过 Google 搜集到的具有不同尺寸和品质的抽象艺术画作，绘画图像的原始尺寸在 185×275 到 1 000×1 000 的范围内变化，本章在实验中通过缩放和剪裁将其归一化到 256×256 的大小。Abstract100 数据库的创建者在对样本进行情感标注时采用了 PAD 模型，其每个样本都由年龄在 20 岁到 30 岁之间的 10 名女性和 10 名男性观察员从情感正负属性和激活程度两方面进行评价。观察员被要求给每个样本进行打分，在愉悦度和唤醒度两个维度上使用 5 个等级（对应数值为 −2，−1，0，1，2）来表示观察者的情感评价，所有观察者的平均评分被当作样本的最终标记结果。本章在实验中将情感数值大于等于 0 的样本视为正样本，情感数值小 0 的样本视为负样本，然后在愉悦度和唤醒度两个维度上开展二分类实验。

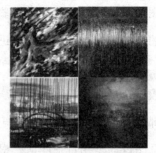

（a）Abstract100样例图像　　　　（b）Abstract280样例图像

图 3-3　Abstract 100 和 Abstract 280 数据库样例图像

Abstract 280 数据库包含 280 张不同尺寸的抽象绘画图片，本章在实验中也采用缩放和剪裁技术将其归一化到 256×256 的大小。其创建者在对样本进行情感标注时采用了 CES 模型，情感模型包括四种正面情感和四种负面情感，即娱乐、敬畏、满足、兴奋、愤怒、反感、恐惧和伤心。大约有 230 名观测者对该数据库样本进行了评价，每张图片被评价了 14 次左右，最后选择票数最多的情感类别作为样本标记结果。经过对争议性较强的图片进行删除，最后得到 228 张具有明确情感标记结果的图像。如表 3-1 所示，该数据库样本的情感标记分布十分不均匀，比如具有愤怒情感标记的图片只有三张，在这种情况下开展多分类实验并不具有很强的说服力。因此本书没有开展多情感分类实验，而是将样本按正面情感结果和负面情感结果分为两大类，在此基础上进行二分类训练和测试。

表 3-1　Abstract280 数据库情感标记结果统计表

情感类别	娱乐	敬畏	满足	兴奋	愤怒	反感	恐惧	伤心
样本数量	25	15	63	36	3	18	36	32

3.3.3　实验结果与分析

为了进行充分对比，本章除了在 STL-10 数据库中进行无监督特征学习并开展基于迁移学习的抽象图像情感分类实验之外，还分别在 Abstract 100 和 Abstract 280 数据库上进行无监督特征学习并以不跨领域的方式进行特征提取和情感分类。此外，本章还基于传统方式提取一组包含颜色和纹理在内的底层视觉特征进行情感分类实验，底层特征包括 3×256 维的 RGB 空间颜色直方图、59 维的 LBP 描述符、512 维的通用搜索树（Generalized Search Trees，GIST）描述符和基于 1 000 个单词字典的词袋（Bag Of Words，BOW）模型特征。实验基于五次交叉验证模式将样本分为五组，每次取四组作为训练样本并取剩余一组作为测试样本，最后取基于交叉实验得到的平均准确率、平均精确度、平均召回率和 F1 指标平均值来对抽象绘画情感分类性能进行评价。

和第 2 章的无监督特征学习实验一样，本章分别从 Abstract 100、Abstract 280

和 STL-10 数据库中采集 100 000 个尺寸为 8×8 的图像子块并进行白化处理（正则化常数为 0.1），然后基于具有 400 个隐层单元的稀疏自动编码器进行无监督特征学习（$\lambda=3\times10^{-3}$，$\beta=5$）。图 3-4 给出了从 Abstract100、Abstract280 和 STL-10 三个数据库学习到的特征权重的可视化表示，可以看出从 STL-10 数据库学习到的特征权重具有更清晰的边缘，而从 Abstract100 和 Abstract280 数据库学习到的特征权重从直观上来看较为模糊。这是因为在目标领域样本数量很少的情况下，进行大量采样得到的图像子块可能重复或者接近，这时候的无监督特征学习效果未必理想。

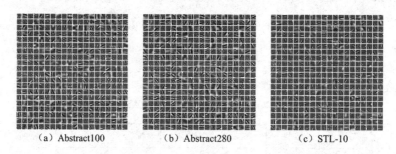

（a）Abstract100　　　　（b）Abstract280　　　　（c）STL-10

图 3-4　基于稀疏自动编码器从各数据库中学习到的特征权重可视化表示

3.3.3.1　Abstract100 数据库中的分类实验

在学习到局部特征权重之后，本章首先基于 CNN 在 Abstract100 数据库中提取全局特征并开展图像情感分类实验，非跨领域方法采用从 Abstract100 数据库学习到的局部特征权重，而跨领域方法则采用从 STL-10 数据库学习到的局部特征权重。在所有的实验中，卷积网络的池化区域大小为 40×40，池化方式为平均池化，提取到的全局特征响应被送入 LR 模型以开展唤醒度和愉悦度两个维度上的分类实验。由于 LR 训练中的最大迭代次数设置会影响图像分类性能，为了进行充分对比，本章以 10 为间隔在 10 到 100 之间选取多个迭代次数进行测试。图 3-5 和图 3-6 给出了在 Abstract100 数据库中进行图像情感分类时得到的实验结果（包括唤醒度和愉悦度），"非跨领域学习"代表在 Abstract100 数据库中进行无监督特征学习的方法，"跨领域学习"代表在 STL-10 数据库中进行无监督特征学习的迁移学习方法，而"底层视觉特征"代表使用颜色和纹理等特征的方法。

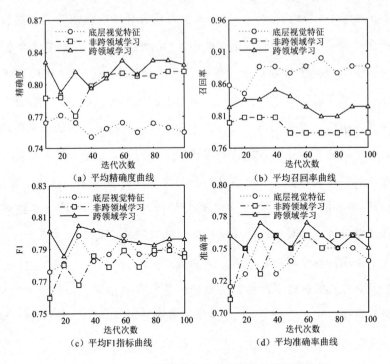

图 3-5　Abstract100 数据库中的唤醒度分类实验结果

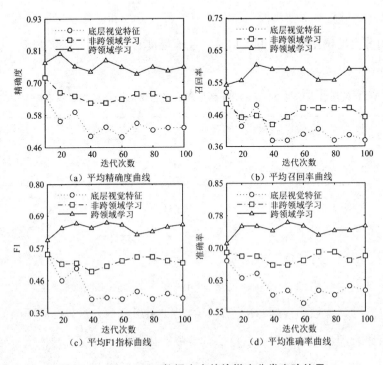

图 3-6　Abstract100 数据库中的愉悦度分类实验结果

从图 3-5 和图 3-6 可以看出，一味地增加有监督训练迭代次数并不能提高图像分类性能。而在面向唤醒度的情感分类实验中，"跨领域学习"方法在精确度、F1 和准确率三个指标上均取得了最好性能，仅在召回率指标上逊色于"底层视觉特征"方法。而"非跨领域学习"方法仅在精确度指标上表现出比"底层视觉特征"方法更好的性能，在其他指标上取得相当于或者差于"底层视觉特征"方法的分类性能。而在面向愉悦度的情感分类实验中，不管采用迁移学习与否，基于无监督特征学习的方法均取得了比"底层视觉特征"方法更好的分类性能。并且在采用迁移学习的情况下，"跨领域学习"方法的表现明显优于"非跨领域学习"方法。这些实验结果说明了基于无监督特征学习进行抽象绘画图像情感分类的可行性，而且也表明在目标领域样本有限的情况下采用迁移学习能获得更好的分类结果。

表 3-2 还给出了本章采用各种方法得到的最好分类结果，以便于和文献［9］的实验结果进行对比。由于文献［9］仅采用了准确率指标进行性能评价，表 3-2 也只给出了平均准确率结果。可以看出，基于迁移学习的"跨领域学习"方法取得了最好的分类性能。与文献［9］相比，该方法在面向唤醒度的情感分类实验中将平均分类准确率提升了约 15％，而在面向愉悦度的情感分类实验中将平均分类准确率提升了约 4％。此外，虽然本章使用的"非跨领域学习"方法和"底层视觉特征"方法也使唤醒度平均分类准确率有所提升，但是却使愉悦度平均分类准确率下降。

表 3-2　采用各方法在 Abstract100 数据库中进行情感分类所得最高准确率（%）

方法	文献［9］	底层视觉特征	非跨领域学习	跨领域学习
唤醒度	0.67	0.76	0.76	0.77
愉悦度	0.73	0.67	0.70	0.76

为了直观地显示对抽象绘画图像进行情感分类的结果，图 3-7 以愉悦度分类为例给出了采用"底层视觉特征"方法和"跨领域学习"方法得到的愉悦度预测值最高和最低的五幅抽象绘画图像，即最令人愉悦和最不令人愉悦的五幅图像，预测结果与情感标记不一致的图像被用红框标出。可以看出，采用两种方法得到的预测值最高和最低的样本有重合和近似的情况，这说明自学习特征可以和底层视觉特征一样反映图像本身的特点。但是两者又有区别，例如采用自学习特征得到的愉悦度预测值最低的三

幅图像包含更多细节信息。这是因为采用卷积自动编码器的方法能模拟人眼视觉特性以扫描方式感知图像，这和基于图像统计特性的传统方法有所不同。

（a）采用底层视觉特征方法得到的愉悦度预测值最高的5幅图像

（b）采用底层视觉特征方法得到的愉悦度预测值最低的5幅图像

（c）采用跨领域学习方法得到的愉悦度预测值最高的5幅图像

（d）采用跨领域学习方法得到的愉悦度预测值最低的5幅图像

图 3-7　在 Abstract100 数据库中进行愉悦度分类时预测值最高和最低的图像示例

3.3.3.2　Abstract280 数据库中的分类实验

在 Abstract280 数据库中进行分类实验时，本章将标记结果为娱乐、敬畏、满足和兴奋的图像当成正面情感样本，将标记结果为愤怒、反感、恐惧和伤心的图像当成负面情感样本，然后开展二分类实验。与 Abstract100 数据库中的实验类似，非跨领域方法采用从 Abstract280 数据库学习到的局部特征权重，而跨领域方法则采用从 STL-10 数据库学习到的局部特征权重。卷积网络的池化区域尺寸也被设置为 40×40，池化方式为平均池化。在该实验中，迭代次数超过 200 之后分类性能没有明显提升，所以本章以 10 为间隔在 10 到 200 之间选取多个迭代次数进行测试。

图 3-8 给出了在 Abstract280 数据库中进行图像情感分类时得到的实验结果，表 3-3 还给出了采用各方法在 Abstract280 数据库中进行情感分类时得到的最高准确率。从实验结果可以看出，除了在召回率指标上稍微逊色于"底层视觉特征"方法之外，"跨领域学习"方法在其他三个指标上均取得了更好的分类效果。而"非跨领域学习"

方法仅在精确度指标上获得与"跨领域学习"方法接近的分类性能，在其他指标上并没有取得较好的图像分类效果。这些结果与 Abstract100 数据库中的实验是一致的，实验结果不但表明基于无监督特征学习进行抽象绘画图像情感语义分析是可行的，而且说明在样本数量有限的情况下进行迁移学习是有效的。

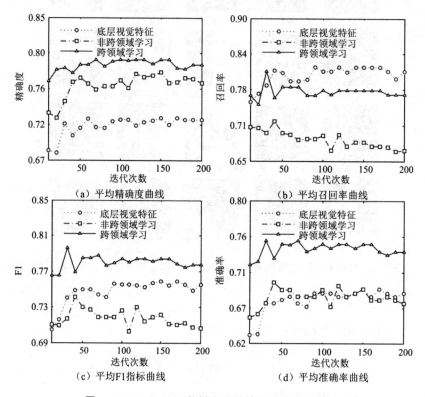

图 3-8　Abstract280 数据库上的情感分类实验结果

表 3-3　采用各方法在 Abstract280 数据库中进行情感分类所得最高准确率

指标	底层视觉特征	非跨领域学习	跨领域学习
精确度	0.72	0.78	0.80
召回率	0.81	0.73	0.81
F1	0.76	0.74	0.80
准确率	0.69	0.71	0.76

为了直观地显示对抽象绘画图像进行情感分类的结果，图 3-9 也给出了采用"底

层视觉特征"方法和"跨领域学习"方法的实验中情感预测值最高和最低的五幅抽象绘画图像，即情感语义最正面和最负面的五幅图像。预测结果与情感标记不一致的图像也被用红框标出，而且在各图像正下方给出其原始情感标记结果。可以看出，和采用"底层视觉特征"方法得到的结果一样，采用"跨领域学习"方法得到的最能给人以正面感受的抽象绘画图像原始标记为"满足""娱乐"和"敬畏"，最能给人以负面感受的抽象绘画图像原始标记为"恐惧"和"伤心"。这些结果表明，以学习的方式得到的特征能够对颜色和纹理特征进行替代，这进一步说明了采用特征学习方式开展抽象图像情感语义分析的可行性。

（a）采用底层视觉特征方法时情感预测最正面的5幅图像

（b）采用底层视觉特征方法时情感预测最负面的5幅图像

（c）采用跨领域学习方法时情感预测最正面的5幅图像

（d）采用跨领域学习方法时情感预测最负面的5幅图像

图 3-9　在 Abstract 280 数据库上进行分类时情感预测最正面和最负面的五幅图像

3.4　织物图像情感分类

织物材料被广泛应用于服装、装饰以及其他艺术和设计行业，与其他图像情感语义分析研究相似，织物图像情感语义分析旨在从人类心理和情感的角度对织物图像进行自动辨识。情感层面的织物图像语义分析不仅可以为设计师提供用户的主观体验信息，还可以为基于情感含义的织物图像检索提供支持。在此基础上，设计师可以根据情感语义检索织物素材，消费者也可以根据自身的情感需求在线搜索衣物、服饰和其他织物商品。但是对织物图像进行手动情感语义标注是一项艰巨的任务，特别是在样本数量较多的应用场合。因此，以计算机为辅助的织物图像情感语义分析研究具有重要意义并开始受到关注。如图 3-10 所示，现有的织物图像情感语义分析研究主要使用机器学习技术建立各种底层视觉特征和情感语义之间的映射[24-26,96-99]。由于织物图像情感语义分析研究成果主要被应用于服装和装饰等艺术设计行业，其采用的情感表示模型往往与行业特点紧密结合，这与传统的图像情感语义分析有所不同。比如，现有的织物图像情感语义研究通常基于网络调查挑选像"温暖""优雅"和"浪漫"这样的形容词，以此来定义情感类别对织物图像进行描述[24-26]。

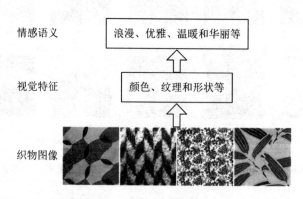

图 3-10　基于底层视觉特征的织物图像情感语义分析示意图

目前深度学习和无监督特征学习技术在计算机视觉领域取得了巨大进展，将这些新技术应用于织物图像情感语义分析具有重要意义。但是有监督深度学习模型需要大量有标记训练数据，而在图像情感语义分析领域很难收集到足够的有标记数据。不过像稀疏自动编码器这种无监督特征学习模型能从无标记数据中提取有用信息，而且不要求用于无监督特征学习的数据和用于有监督训练的数据具有相同的分布，甚至可以将知识从一个领域迁移到另一个领域，这为特征学习技术在标记数据有限的领域的应用带来可能。在将基于稀疏自动编码器的无监督特征学习技术应用于抽象绘画图像情感语义分析的基础上，本书还尝试基于无监督特征学习进行抽象织物图像情感语义分析，基于跨领域卷积自动编码器进行织物图像情感分类。

由于现有用于织物图像情感分类研究的公开数据库比较欠缺，本章构建了包含875 幅织物图像的基准数据集，并基于人工标注方式为这些图像生成情感标签。与抽象绘画图像数据库相比，本章建立的织物图像数据库样本数量稍微多一些，基于卷积网络的全局特征提取操作时间消耗较大。而自动编码器所学习到稀疏表示是超完备的，训练得到的特征权重对图像分类来讲可能是冗余或不相关的[100-101]。因此，本章提出一种在卷积操作之前基于相关分析对稀疏自动编码器所学特征进行选择的方法，用于降低特征维度和避免过拟合。这种特征选择方式可以有效降低计算成本，因为在特征选择之后用于特征提取的权重参数会变少。此外，适当降低特征维度可以避免过拟合，这可能给情感分类性能带来改善。

考虑到织物图像中纹理信息的重要性，本章还基于纹理分析进行织物图像情感语义研究，采用各种经典和最新的纹理特征提取方法进行织物图像情感分类，实验用到的纹理特征提取方法有 LBP、一维局部二值模式（One Dimensional Local Binary Pattern，1DLBP）[102-103]、主旋转局部二值模式（Dominant Rotated Local Binary Pattern，DRLBP)[104]、GLCM、二维经验模态分解（Bidimensional Empirical Mode Decomposition，BEMD）[105-107] 和密集微块差分（Dense Micro-block Difference，DMD)[108]。此外，本章还将颜色和纹理特征合并在一起进行分类实验，将基于各种底层视觉特征的方法和基于卷积自动编码器的方法进行充分对比。

3.4.1 方法描述

图 3-11 给出了基于卷积自动编码器的织物图像情感分类系统框架，与抽象绘画图像情感语义分析模型相比多了特征选择的步骤。整个框架主要包括四个部分：源领

域无监督特征学习、特征选择、目标领域全局特征提取和图像分类。首先从 STL-10 图像数据集中随机采集图像子块，经过白化处理后送入稀疏自动编码器模型开展无监督特征学习以得到局部特征权重。然后基于相关分析以迭代的方式对局部特征权重进行删除，从每对高度相关的特征权重中选择一个将之丢弃。接下来使用卷积运算提取目标领域织物图像的全局特征，并采用平均池化操作进一步降低特征图案分辨率。最后将目标领域中图像样本对应的全局特征向量送入与各个情感描述形容词相对应的 LR 模型，开展二分类训练以检测织物图像是否能触发各形容词所描述的情感概念。

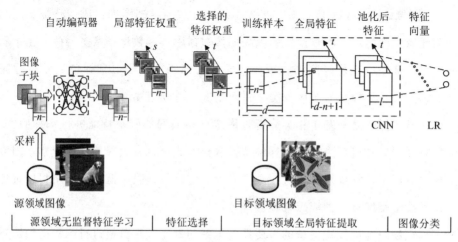

图 3-11　基于跨领域卷积自动编码器的织物图像情感分类系统框架

该模型与第 2 章所述的卷积自动编码器模型的不同之处在于其进行了特征选择，所以本节只对基于相关分析的特征选择方法进行介绍。假设自动编码器的隐层节点数量为 s，输入彩色图像块对应向量的维数为 $m=n\times n\times 3$，那么自动编码器学习到的权重矩阵 $\boldsymbol{W}\in\mathbf{R}^{s\times m}$ 是连接输入图像子块 $\boldsymbol{x}(i)\in\mathbf{R}^{m\times 1}$ 和隐层响应 $\boldsymbol{a}(i)\in\mathbf{R}^{s\times 1}$ 的网络参数。在忽略偏置矢量的情况下，自动编码器隐层的每一个单元响应就是根据权重矩阵 $\boldsymbol{W}$ 的每一行参数 $\boldsymbol{w}_i\in\mathbf{R}^{1\times m}$ 从输入图像块中提取到的特征，$\boldsymbol{W}$ 的每一行参数可以被看成是一个对应图像块各像素的特征检测器。与稀疏编码相似，稀疏自动编码器所学特征权重也可以被认为是一组能对数据进行有效表示的超完备集，这些特征权重可能是冗余的[79,101,109]。考虑到"一个好的特征集合包含彼此不相关的特征"这一假说[110]，本章尝试从每对高度相关的特征权重中丢弃一个，以此来进行特征选择。这种方法能降低特征权重向量之间的相关性，而且可以减少用于分类的特征数量以避免过度拟合。

假设用于特征提取的权重矩阵 $\boldsymbol{W}$ 的第 p 行和第 q 行分别为 $\boldsymbol{w}_p$ 和 $\boldsymbol{w}_q$，这两个权重向量之间的相关系数被定义为：

$$\varphi_{pq} = \frac{\mathrm{cov}(\boldsymbol{w}_p, \boldsymbol{w}_q)}{\sigma_{w_p} \sigma_{w_q}} \tag{3-2}$$

式中：σ_{w_p} —— $\boldsymbol{w}_p$ 的标准偏差；

σ_{w_q} —— $\boldsymbol{w}_q$ 的标准偏差；

$\mathrm{cov}(\cdot)$ —— 协方差函数。

式（3-2）中 $\boldsymbol{w}_p$ 和 $\boldsymbol{w}_q$ 之间的协方差 $\mathrm{cov}(\boldsymbol{w}_p, \boldsymbol{w}_q)$ 的定义为[110]：

$$\mathrm{cov}(\boldsymbol{w}_p, \boldsymbol{w}_q) = \sum_{u=1}^{m} (w_p^u - \mu_{w_p})(w_q^u - \mu_{w_q}) \tag{3-3}$$

式中：m —— 权重向量的维度；

w_p^u —— $\boldsymbol{w}_p$ 的第 u 个元素；

w_q^u —— $\boldsymbol{w}_q$ 的第 u 个元素；

μ_{w_p} —— $\boldsymbol{w}_p$ 的均值；

μ_{w_q} —— $\boldsymbol{w}_q$ 的均值。

式（3-2）中 $\boldsymbol{w}_p$ 的标准偏差 σ_{w_p} 的定义为[110]：

$$\sigma_{w_p} = \sqrt{\sum_{u=1}^{m} (w_p^u - \mu_{w_p})^2} \tag{3-4}$$

同理，式（3-2）中 $\boldsymbol{w}_q$ 的标准偏差 σ_{w_q} 的定义为：

$$\sigma_{w_q} = \sqrt{\sum_{u=1}^{m} (w_q^u - \mu_{w_q})^2} \tag{3-5}$$

$\boldsymbol{w}_p$ 和 $\boldsymbol{w}_q$ 之间的相关系数 φ_{pq} 在 -1 到 $+1$ 之间变化，相关系数为正表示一个权重向量的取值随着另一个权重向量取值的增加而增加，而相关系数为负意味着一个权重向量的取值随另一个权重向量取值的减小而增加，反之亦然。相关系数的幅度大小表示两个向量之间关系的强度，例如幅度在 0.7 和 1 之间的相关系数表示强相关关系，幅度在 0.3 和 0.7 之间的相关系数表示中度相关关系，幅度在 0 和 0.3 之间的相关系数表示弱相关关系。如果相关系数等于 0，则相应的权重向量之间不存在相关性。因此，本章使用 $\boldsymbol{w}_p$ 和 $\boldsymbol{w}_q$ 之间的相关系数的绝对值来评估它们之间的相关程度：

$$r_{pq} = |\varphi_{pq}| = \left| \frac{\sum_{u=1}^{m}(w_p^u - \mu_{w_p})(w_q^u - \mu_{w_q})}{\sqrt{\sum_{u=1}^{m}(w_p^u - \mu_{w_p})^2}\sqrt{\sum_{u=1}^{m}(w_q^u - \mu_{w_q})^2}} \right| \tag{3-6}$$

如此一来，可以得到对不同权重向量之间的相关程度大小进行表示的绝对相关系数矩阵 $r \in \mathbf{R}^{s \times s}$：

$$r = \begin{bmatrix} r_{11} & r_{12} & \cdots & r_{1p} & \cdots & r_{1q} & \cdots & r_{1s} \\ r_{21} & r_{22} & \cdots & r_{2p} & \cdots & r_{2q} & \cdots & r_{2s} \\ \vdots & \vdots & \ddots & \vdots & \ddots & \vdots & \ddots & \vdots \\ r_{p1} & r_{p2} & \ddots & r_{pp} & \ddots & r_{pq} & \ddots & r_{ps} \\ \vdots & \vdots & \ddots & \vdots & \ddots & \vdots & \ddots & \vdots \\ r_{q1} & r_{q2} & \ddots & r_{qp} & \ddots & r_{qq} & \ddots & r_{qs} \\ \vdots & \vdots & \ddots & \vdots & \ddots & \vdots & \ddots & \vdots \\ r_{s1} & r_{s2} & \cdots & r_{sp} & \cdots & r_{sq} & \cdots & r_{ss} \end{bmatrix}_{s \times s} \tag{3-7}$$

该矩阵的每个元素取值范围为 0 到 1，它们表示每对权重向量之间的相关程度。两个向量之间的相关性是相互的（$r_{pq} = r_{qp}$），并且随机向量与自身的相关系数总是等于 1（$r_{pp} = 1$），所以绝对相关系数矩阵是对角线元素为 1 的对称矩阵。图 3-12 给出了某稀疏自动编码器所学特征权重（$s = 300$）的绝对相关系数矩阵的可视化表示。图中的对角线红线指示每个权重向量与其自身的相关程度，蓝色背景则指示不同权重向量之间的相关程度，而背景噪声说明一些特征权重向量之间存在较强的相关性。

图 3-12　绝对相关系数矩阵的可视化表示

本章提出了一种基于绝对相关系数矩阵的特征选择方法，从相关程度超过预设阈值 r_T（例如 $0.9,0.8$ 和 0.7）的每对特征权重向量中选择一个进行丢弃：

（1）假设通过某稀疏自动编码器得到的权重矩阵 $W \in \mathbf{R}^{s \times m}$ 包含 s 个权重向量 $w_j \in \mathbf{R}^{1 \times m}$，首先计算出绝对相关系数矩阵 $r \in \mathbf{R}^{s \times s}$ 来表示权重向量之间的相关程度。

（2）因为绝对相关系数矩阵是对称的，其上三角矩阵足以表示不同权重向量之间的相关程度。所以除了对角线元素之外的 r 上三角矩阵元素被用于特征选择，忽略对角线元素是因为它们表示的是每个权重向量与其自身的相关性。给定某阈值 r_T，先确定 r 的上三角矩阵（对角线元素除外）中所有大于或等于 r_T 的元素。假设一对权重向量 w_p 和 w_q 的绝对相关系数 r_{pq} 超过阈值，则将权重矩阵 W 中的第 p 行权重向量 w_p 或第 q 行权重向量 w_q 去除。

（3）由于稀疏自动编码器的代价函数中附加有权重衰减约束，理想的特征权重幅度在整体上应保持在相对较低的水平。因此，本方法根据自动编码器权重的幅度来决定放弃一对相关程度超过预设阈值的权重向量中的哪一个，优先丢弃幅度较大的权重向量。假设式（2-7）中不包括白化效果在内的自动编码器权重矩阵 W_{AE} 的第 p 行是 $w_{AE\,p}$，第 q 行是 $w_{AE\,q}$，它们分别对应于整体权重矩阵 W 中的 w_p 和 w_q，因为 $w_p = w_{AE\,p} W_{ZCA\,white}$，而 $w_q = w_{AE\,q} W_{ZCA\,white}$。如果 $\|w_{AE\,p}\|^2$ 大于或等于 $\|w_{AE\,q}\|^2$，则丢弃用于特征提取的第 p 行权重向量 w_p，反之丢弃 w_q。

（4）在确定了要放弃一对相关程度超过预设阈值的权重向量中的哪一个向量之后，就可以通过从权重矩阵 W 中移除相应的行元素来进行特征选择。假设经过特征选择后的权重矩阵为 $W' \in \mathbf{R}^{t \times m}$，只有少数的 t（$t < s$）个权重向量被用于特征提取。

3.4.2　数据库和情感模型

为了建立织物图像情感语义分析基准数据集，首先从互联网和织物素材库中搜集了超过 1500 个候选织物图像样本，这些样本包括真实织物图片和设计素材。然后通过去除重复或者相似样品得到了 875 个代表性织物图像，并使用缩放和裁剪等图像处理方法将图像样本调整到 128×128 大小。所有样本最后被分成五个数量相等的子集以进行交叉验证实验，图 3-13 给出了一个子集的示例图像。与此同时，本章结合织物和面料图像情感语义分析的现有研究[24-26]选择了八个具有代表性的形容词来描述织物图像带给人的心理感受。

文献［24］和［25］使用一对含义相反的形容词来对每个情感概念进行表示，为了简单起见，本章使用一个形容词来表达各个情感概念。因为现有织物图像情感分类研究的任务是预测织物图像是否可以激发与每个情感类别相对应的心理感受，一个形容词足以代表一种情感概念，表 3-4 给出了最终被用于定义情感类别的八个形容词。

图 3-13　织物图像情感语义分析基准数据集图像示例

表 3-4　织物图像情感类别定义

情感类别（k）	1	2	3	4	5	6	7	8
形容词	强烈	温暖	华丽	优雅	张扬	飘逸	丰富	浪漫

在此基础上，就可以组织观测者对样本进行人工评价，从而为基准数据集中的样本生成情感标签。每个图像样本都由五名观测者进行评价，表 3-5 给出了不同观测者给出的标签结果的一致性统计。其中，"Five agree"表示五名观测者给出了相同的情感标签，"Four agree"表示四名观测者给出了相同的情感标签，而"Three agree"表示三名观测者给出了相同的情感标签。从表 3-5 可以看出，"优雅"（$k=4$）、"飘逸"（$k=6$）和"浪漫"（$k=8$）三个情感概念更为主观，因为对应这些概念的"Five agree"和"Four agree"图像样本数量较少。最后取多数人（三个以及三个以上）的意见作为每个样本的情感标签，表 3-6 给出了对应每个情感类别的正面样本和负面样本的数量统计。

表 3-5 织物图像的人工评价一致性统计表

情感类别（k）	1	2	3	4	5	6	7	8
Five agree	273	158	243	172	242	135	215	144
Four agree	285	342	326	313	303	309	310	320
Three agree	317	375	306	390	330	431	350	411
总计	875	875	875	875	875	875	875	875

表 3-6 织物图像数据集情感标签统计表

情感类别（k）	1	2	3	4	5	6	7	8
正面样本	531	445	344	293	399	377	444	305
负面样本	344	430	531	582	476	498	431	570
总计	875	875	875	875	875	875	875	875

3.4.3 实验结果与分析

与基于卷积稀疏自动编码器和迁移学习的抽象绘画图像情感分类一样，本章使用稀疏自动编码器从 STL-10 数据集学习局部特征权重，先在没有进行特征选择的情况下提取织物图像全局特征并采用 LR 模型进行情感分类。除了"跨领域学习"方法外，本章还在自己建立的织物图像数据库中开展无监督特征学习并以不跨领域的方式进行特征提取和情感分类。此外，本章还基于纹理特征以及由颜色和纹理组成的多种底层视觉特征进行分类实验，并对基于"跨领域学习"、"非跨领域学习"、纹理特征和多特征的各种方法得到的情感分类结果进行充分对比。本章最后基于相关分析对从 STL-10 数据集学习到的特征权重进行选择，并测试了特征选择对基于跨领域卷积自动编码器的织物图像情感分类系统性能的影响。

3.4.3.1 无监督特征学习

在无监督特征学习阶段，首先从 STL-10 数据库中随机采集了 100 000 个 8×8 图像子块并进行白化处理，正则化常数设定为 0.1。然后采用具有 300 个隐藏单元的稀疏自动编码器以无监督方式学习局部特征权重，稀疏自动编码器的参数为：$\lambda=3\times10^{-3}$，$\beta=5$，$\rho=0.035$。此外，实验还从织物图像数据集中采集同样多的图像子块并以同样的稀疏自动编码器参数进行局部特征学习，为"非跨领域"实验提供特征权重。

图 3-14 给出了基于稀疏自动编码器从 STL-10 数据集和织物图像数据集学习到的局部特征权重的可视化表示。可以看出，从包含大量无标记数据的 STL-10 数据集学到的特征权重具有更加明显的边缘。这和 3.3.3 节中的实验结果是一致的，在小样本量图像集合中采集大量图像子块进行无监督特征学习的效果并不是很好，这是因为从数量有限的图像集合中采集到的图像子块会比较相似。

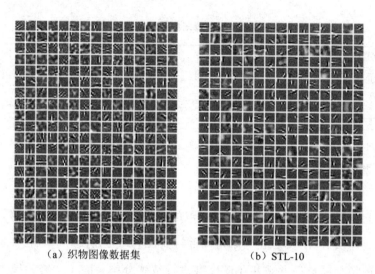

（a）织物图像数据集　　　　　　　　（b）STL-10

图 3-14　基于稀疏自动编码器从各数据库上学习到的特征权重可视化表示

3.4.3.2　不进行特征选择条件下的图像情感分类

本节首先在不进行特征选择的条件下对基于无监督特征学习的织物图像情感分类性能进行测试，在提取全局特征时将卷积步长设置为一个像素，池化区域大小设置为 30×30。由于在 LR 模型训练过程中所选取的最大迭代次数（MaxIter）会影响分类结果，实验以 10 为间隔在 10 到 100 之间选取多个迭代次数对逻辑回归模型进行训练。在进行跨领域学习和分类的基础上，还利用从织物图像数据库学习到的特征开展"非跨领域"实验。为了与使用底层视觉特征的常规方法进行比较，本章还使用纹理和多种底层视觉特征进行织物图像情感分类。所有实验均采用五次交叉验证方案，使用平均分类准确率指标来对所有方法性能进行评价。

在进行整体比较之前，实验先采用各种纹理特征提取方法进行织物图像情感分类。对于 LBP，1DLBP 和 DRLBP 方法，邻域像素点个数被设置为 8，均匀模式被用来获得 LBP 直方图。对于 GLCM 方法，首先计算出灰度共生矩阵，然后根据矩阵计算出"对比度""相关性""能量"和"均匀性"这些统计量，进而生成用于分类的纹理特征。对于 BEMD 方法，每个样本图像首先被分解为三个固有模态函数（Intrinsic Mode Function，IMF）分量和一个残差分量，LBP 方法被用来从 IMF 和残差分量中提取特征。对于 DMD 方法，DMD 特征提取和 Fisher Vector（FV）编码的参数设置如下：块半径为 15，用于 DMD 特征计算的采样点数为 80，最大期望（Expectation Maximization，EM）算法中使用的描述符数量为 500 000，高斯混合模型（Gaussian Mixture Model，GMM）中心数量为 128。在将所有特征送入分类器之前，都进行了归一化处理。

图 3-15 给出了使用不同纹理分析方法得到的平均分类准确率，可以看出纹理分析方法在整体上并没有取得很好的效果，特别是在对应于"温暖"和"飘逸"情感概念的分类实验中。例如，"温暖"概念分类的平均准确率只有约 50%，这说明"温暖"概念和纹理信息没有太大关系。在所有的纹理分析方法中，GLCM 方法在除"优雅"概念之外的情感分类实验中都表现出优越性能，而 LBP 方法的性能在总体上比较稳定。

虽然 DMD 方法在"强烈""华丽"和"优雅"情感概念的实验中取得了较好的表现，但在"张扬""飘逸""丰富"和"浪漫"情感概念的实验中表现相对较差。因此，本章在使用多种底层视觉特征的实验中采用了 GLCM 方法和 LBP 方法。本章进一步开展了使用多种底层视觉特征的实验，将基于 GLCM 方法和 LBP 方法获得的纹理特征与其他底层视觉特征进行融合。根据文献［24］的研究，提取了包含饱和度和色相信息的颜色描述特征、灰度直方图特征和一组 GLCM 纹理特征，并基于这些特征开展情感分类实验。另外，也根据 3.3.3 节的抽象绘画情感分类实验提取了相同的底层视觉特征进行分类，这组底层特征包含有 LBP 纹理特征。在此基础上，对这些纹理分析方法、采用多种底层特征的方法和无监督特征学习方法的分类性能进行整体比较。

图 3-16 给出了使用不同方法获得的最佳分类结果，其中"LLF1"和"LLF2"分别表示按照文献［24］和抽象绘画情感分类实验提取多种底层视觉特征的方法。"NDA"（Non Domain Adaptation）表示不采用迁移学习方案的情况下在目标领域进行无监督特征学习的方法。"DA"（Domain Adaptation）表示基于跨领域卷积自动编码器的无监督特征学习方法。可以看出，纹理分析方法在"优雅"概念实验中表现出相对较好的性能。与只采用纹理特征的方法相比，采用多种底层特征的方法在除了

"优雅"和"浪漫"概念之外的大部分实验中均使分类性能有所提高。这说明织物图像传递的情感信息不仅仅与纹理特征有关，采用多种特征可以改善分类效果。

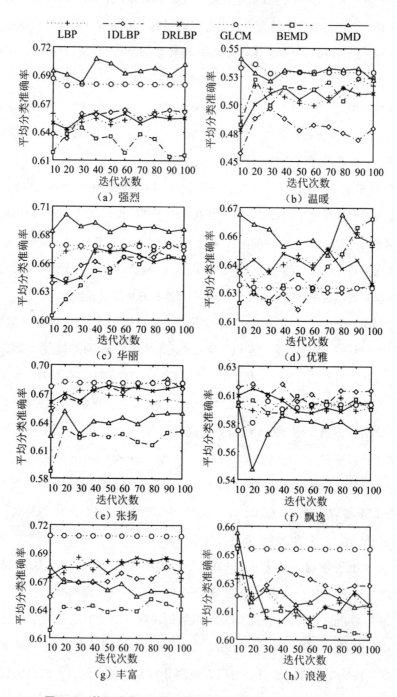

图 3-15　基于纹理分析方法的织物图像情感分类性能对比图

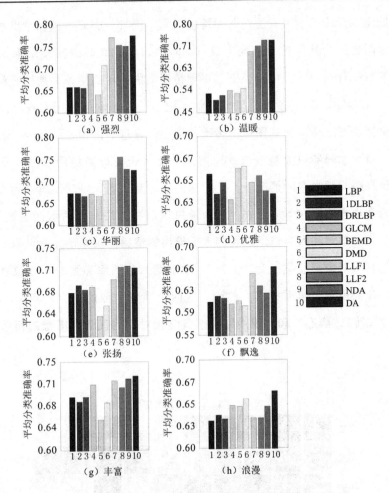

图 3-16 基于各种方法的织物图像情感分类最优性能对比图

从图 3-16 还可以观察到，无监督特征学习方法在"强烈""温暖""张扬""飘逸""丰富"和"浪漫"六种情感类别的图像分类中表现出良好的性能，基于底层特征的方法仅在"华丽"和"优雅"两个情感类别的图像分类中表现得更好。这表明了将无监督特征学习技术应用于织物图像情感分类的可行性。与"NDA"方法相比，"DA"方法在"强烈""飘逸""丰富"和"浪漫"四种情感类别的图像分类中有更卓越的表现。对于其他四种情感类别，"DA"方法也表现出与"NDA"方法可以相比拟的性能。这说明在目标领域中的样本数量有限时，基于迁移学习和领域适应进行无监督特征学习是有效的。

图 3-17 和图 3-18 以"LLF2"和"DA"方法为例，给出了采用底层视觉特征方

法和跨领域无监督特征学习方法在各种情感概念上进行分类时，预测结果最正面和最负面的五幅图像。此处以最大迭代次数（MaxIter）为 20 时的实验结果为例进行展示，图中的每一行对应一种情感类别。每种情感类别的示例图像都被按照预测分数进行降序排列（从左向右），预测结果与情感标记不一致的图像被用红框标出。可以发现，利用机器学习方法对织物图像所传递的情感信息进行辨识是可行的。和底层视觉特征一样，自动编码器以无监督方式学习到的特征也可以被应用于织物图像情感分类，即便是在跨领域学习的情况下。还可以发现，基于卷积自动编码器的方法和使用底层特征的常规方法存在本质区别，因为通过这两种方法获得的示例图像是不同的。另外，由于认知差异和人为错误，观测人员给出的情感标签并不完全可靠。例如，图3-17 的第七行（对应情感类别为"丰富"）中的第六幅图像和第七幅图像被标记为正面样本，但却被预测为负面样本。然而，这两个纯色图像的内容一点也不"丰富"。此外，与"优雅""飘逸"和"浪漫"情感概念相对应的代表性图像的情感标签也存在争议性。

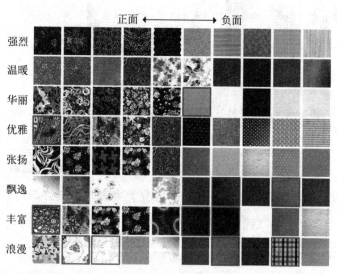

图 3-17　基于底层视觉特征的织物图像情感分类结果示例（MaxIter＝20）

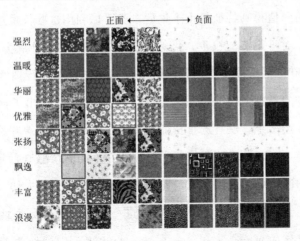

图 3-18 基于无监督特征学习的织物图像情感分类结果示例（MaxIter＝20）

3.4.3.3 进行特征选择条件下的图像情感分类

由于跨领域的无监督特征学习方法取得了更好的情感分类效果，本小节仅对从 STL-10 数据库学习到的特征进行选择并开展情感分类实验。如 3.4.1 节所述，本小节使用不同的阈值（例如 0.9，0.7，0.5 和 0.3）对从 STL-10 数据库学习到的 $s＝300$ 个权重向量进行选择，在特征选择之后分别保留了 161，157，132 和 57 个权重向量，图 3-19 给出了取不同阈值进行特征选择后得到的局部特征可视化表示。

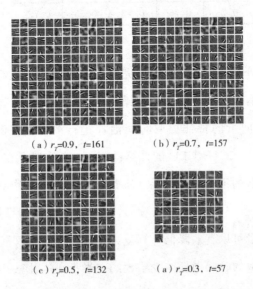

（a）r_T=0.9，t=161   （b）r_T=0.7，t=157

（c）r_T=0.5，t=132   （a）r_T=0.3，t=57

图 3-19 取不同阈值进行特征选择后得到的局部特征可视化表示

在基于不同的阈值得到特征权重子集后，就可以利用这些权重进行全局特征提取并进行情感分类。对每组特征权重，仍然基于五次交叉验证开展分类实验，并以 10 为间隔在 10 到 100 之间选取多个迭代次数对逻辑回归模型进行训练，用各组特征权重对应分类实验中的最高平均准确率进行性能比较。表 3-7 给出了使用不同数量特征权重得到的图像分类结果，没有进行特征选择的实验结果也被一并给出以进行充分对比。通过特征选择，跨领域无监督特征学习方法在不同的情感概念分类实验中获得了 65％～78％的平均准确率。可以发现，即使在特征数量减少了大约一半时，适当的特征选择（例如，$r_T=0.9$ 和 $r_T=0.7$）仍可以进一步改善图像分类性能。然而当阈值被设置得太低时（例如 $r_T=0.5$ 和 $r_T=0.3$），会出现一定的性能下降（例如情感概念 $k=6$，7 和 8 的实验），这是因为在这些情况下过多的权重向量被删除。

表 3-7   进行特征选择时在各情感概念上进行分类得到的最高平均准确率

情感类别（k）	1	2	3	4	5	6	7	8
不特征选择	0.77	0.73	0.72	0.63	0.71	0.66	0.72	0.66
$r_T=0.9$，$t=161$	0.78	0.74	0.73	0.64	0.73	0.67	0.72	0.68
$r_T=0.7$，$t=157$	0.78	0.75	0.73	0.65	0.72	0.67	0.73	0.68
$r_T=0.5$，$t=132$	0.75	0.73	0.73	0.64	0.72	0.64	0.71	0.64
$r_T=0.3$，$t=57$	0.76	0.73	0.72	0.65	0.71	0.64	0.70	0.63
最大值	0.78	0.75	0.73	0.65	0.73	0.67	0.73	0.68

由于特征选择处理是在卷积操作之前完成的，所以它可以降低卷积神经网络的特征提取计算量。这是有意义的，因为卷积操作的计算复杂度相当高。实验接下来对使用不同数量特征权重向量的特征提取时间消耗进行测试，在测试中使用带有 8GB RAM 和 Intel Core i5-3.2GHz CPU 的计算机。表 3-8 给出了在各种条件下对 875 个织物图像进行特征提取的平均时间消耗（实验重复 10 次），对应的特征选择算法平均时间消耗也被一并给出。从表 3-8 可以看出，基于 CNN 的特征提取是一项耗时的任务，减少特征权重数量可以有效降低计算复杂度。例如，当权重向量的数量从 300 减少到 157 时，特征提取的时间消耗减少了大约一半。在这种意义上，只要没有明显的性能损失，都值得进行特征选择。相反地，在基于相关分析进行合适特征选择之后，

平均分类准确率还略有提高。此外，本章所提出的特征选择方法的平均时间消耗是可以忽略的（低于 100ms）。

表 3-8 各种条件下的特征提取和特征选择时间消耗（ms）

特征数量	300	161 ($r_T=0.9$)	157 ($r_T=0.7$)	132 ($r_T=0.5$)	57 ($r_T=0.3$)
特征提取时间消耗	573 543	299 533	278 141	244 227	108 388
特征选择时间消耗	/	62	64	65	67

为了进一步验证基于相关分析的特征选择方法的有效性，本章还继续开展了以随机方式进行特征选择的实验。以 $t=157$ 为例，143 个权重向量被随机丢弃，随机实验被重复 10 次得到 10 组含有 157 个权重向量的特征。接下来这 10 组特征权重被用来提取织物图像全局特征以开展图像分类实验，图 3-20 给出了在 LR 的训练参数 MaxIter＝20 的情况下，采用这 10 组特征权重得到的平均分类准确率。可以发现，当使用不同的特征权重集合时，分类性能发生大幅度变化。这表明随机特征选择是不可行的，因为它不能保证图像分类系统的稳定性，这也从另一个角度说明了基于相关分析的特征选择方法的有效性。

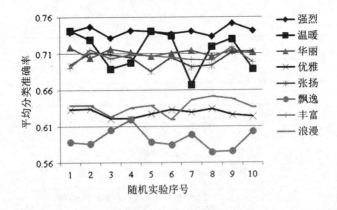

图 3-20 以随机方式进行特征选择得到的图像分类准确率（$t=157$，MaxIter＝20）

为了对基于相关分析的特征选择方法的有效性进行更广泛验证，本章还将特征选择方法应用于第 2 章基于卷积自动编码器的图像分类，在 STL-10 数据库中开展特征选择实验。由于本章 3.3 节中用到的抽象绘画图像数据库样本只有一二百个，基于卷积网络进行特征提取的计算成本并不高，通过特征选择降低全局特征提取时间消耗的意义不大，因此未针对抽象绘画情感分类开展特征选择实验。图 3-21 给出了在对应于表 2-1 中最高分类准确率的实验中（白化正则化常数 $\varepsilon = 0.1$，池化方式为平均池化，池化区域尺寸为 19×19），采用本章提出的特征选择方法进行图像分类得到的实验结果（以 0.05 为间隔在 0.05 到 1 之间选取测试阈值）。

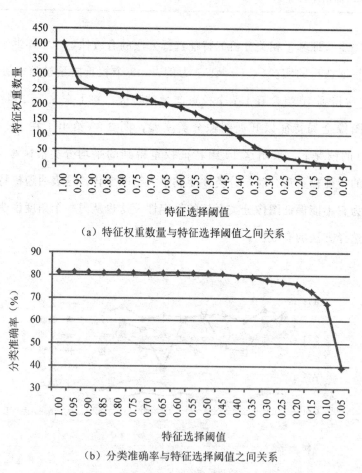

（a）特征权重数量与特征选择阈值之间关系

（b）分类准确率与特征选择阈值之间关系

图 3-21　STL-10 数据库中的特征选择实验结果

从图 3-21 可以发现，当特征选择的阈值逐渐降低时，特征权重数量也逐步降低。比如，当特征选择阈值下降到 0.7 时，特征权重数量已经大约降至原来的一半。这说明基于相关分析的特征选择方法可以有效地降低特征数量,用较少的特征权重进行特征提取可以降低计算成本。与此相反,在通过特征选择降低特征权重数量的过程中,基于卷积自动编码器的图像分类准确率却并没有急剧下降。比如,只有当特征选择阈值小于 0.4 时,图像分类性能才明显下降。而当特征选择阈值大于 0.4 时,即便特征权重数量减少到原来的一半甚至更少,图像分类性能也没有显著下降。这说明基于相关分析的特征选择方法可以在不牺牲图像分类性能的前提下,有效降低特征权重数量进而降低全局特征提取计算成本,这些实验结果进一步验证了本章所提出的特征选择方法的有效性。

3.5　本章小结

在对基于稀疏自动编码器的无监督特征学习和基于卷积自动编码器的彩色图像分类关键技术进行研究的基础上,本章尝试将无监督特征学习技术应用于抽象图像情感语义分析。结合迁移学习和领域适应思想,提出了一种基于卷积自动编码器的跨领域学习方案,并在此基础上开展情感层面的抽象绘画和织物图像分类。在织物图像情感分类中,为了降低利用卷积网络进行特征提取的时间消耗,还提出了一种基于相关分析的特征选择方法,用于对自动编码器学到的特征权重进行降维。从实验结果可以得出如下结论:无监督特征学习技术不仅可以被应用于图像内容识别,还可以被应用于抽象图像情感语义分析;当目标领域样本数量有限时,领域适应和迁移学习可以改善图像分类性能。此外,实验还表明基于相关分析的特征选择方法可以在不牺牲分类性能的前提下降低计算复杂度。这些结论不仅可以为抽象绘画和织物图像情感语义分析研究提供支持,还可以为其他小样本量的图像分类问题带来启发。

4 基于中间本体和文本描述的 图像情感倾向分析

4.1 引　言

情感分析（Sentiment Analysis）原本是自然语言处理领域中的研究热点，它的任务是分析和挖掘文本内容中所蕴含的用户情感和意见信息[111-114]。但是伴随着媒体的视觉化转型和社交网络的兴盛，图像和视频这样的视觉内容已经成为网络用户表达意见和情感的常见方式。和文本内容情感分析一样，面向图像内容的情感分析和意见挖掘也可以被应用于舆论监测和市场预测等领域[44,45]。目前，旨在从图像中提取用户情感信息的视觉情感分析开始吸引研究人员的关注，面向社交媒体图像和多媒体内容的情感分析更是迅速地成为新的研究热点[115-122]。社交媒体图像内容情感分析的主要任务是建立主题宽泛的图像数据和情感语义之间的可靠映射，所以该项应用仍然隶属于图像情感语义理解研究范畴，它是图像情感语义分析研究在视觉大数据时代的发展和延续。但是社交媒体图像情感分析与传统的图像情感语义理解研究还有所不同，比如社交媒体中的图像内容主题不受限制，语义鸿沟问题尤为严重。此外，社交媒体图像情感分析的主要目的是判断图像内容发布者的情感和意见信息，所以一般采用包含正面和负面两种情感类型的离散情感模型对图像内容所表达的情感倾向信息进行分析和预测。

社交媒体中的图像内容主要来自用户分享且大多具有认知含义，其情感语义和图像内容有很大关系，建立底层视觉特征和情感倾向之间映射关系的方法不适用于社交媒体图像内容情感分析。在这种背景下，有研究人员尝试建立中间本体描述层，先检测图像内容中的本体概念响应，再基于这些概念响应进行情感倾向预测。例如，哥伦比亚大学数字视频和多媒体实验室的研究人员基于心理学模型和数据挖掘构建了由形容词名词对ANP组成的大型视觉情感本体VSO，并且训练了被称为SentiBank的视觉概念检测器，用于检测视觉内容在1 200个ANP概念上的响应[44,45]。VSO和SentiBank为视觉情感分析提供了新的思路，它们在一定程度上解决了语义鸿沟问题，从而在现有视觉情感分析研究中被广泛采用。然而，现有基于SentiBank的视觉情感预测研究往往只把ANP概念响应当作中间特征，忽略了一个重要问题：ANP概念本身具有文本情感含义。利用SentiBank检测图像内容中的ANP概念响应实际上是在利用文本概念来描述图像内容，而文本情感分析相关研究已经取得了巨大进展，所以有可能利用ANP的文本情感信息来进一步提高基于SentiBank的图像情感分析性能。

因此，本章在基于SentiBank进行图像情感倾向预测时充分利用ANP概念的文本情感信息，基于ANP的文本情感数值和图像内容对应的ANP概念响应来定义图像情感数值，然后直接使用图像情感数值来预测图像内容的情感倾向。此外，还使用后融合算法把这种方法与将ANP概念响应当作中间特征的传统方法进行结合。本章首先对VSO和SentiBank的基本概念进行简单介绍，然后分别对基于本体概念响应的、利用ANP文本情感的和基于后融合方法的图像情感预测方案进行阐述，最后对采用这些方法在基准数据集上得到的实验结果进行分析和讨论。

4.2   VSO和SentiBank简介

如图4-1所示，在构建视觉情感本体VSO时，哥伦比亚大学研究人员先基于Plutchik情感模型中的24种情感在Flickr和YouTube社交网络中搜索了大约316 000个图像和视频，从这些搜索结果附带的文本标签中获取与视觉内容紧密相关的形容词和名词集合。然后对这些词汇进行分析、整理、组合和筛选，选取了3 244个像"beautiful flowers"和"sad eyes"这样的ANP概念，并以此构建大型中间本体VSO。视觉情感本体VSO包含268个形容词和1 187个名词，其中的每个ANP概念都被赋予了一个在−2到+2之间取值的情感数值，负数代表负面情感倾向，而正数代表正面情感倾向。

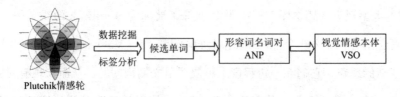

图 4-1 视觉情感本体 VSO 的创建流程示意图

接下来，研究人员基于各个 ANP 概念进行图像样本搜索，建立与每个 ANP 概念相对应的图像样本集合。最终取 1 553 个 ANP 和与其相对应的样本图像来训练概念检测器，图 4-2 给出了部分 ANP 概念对应的样本示例[5,44]。对每一个 ANP，研究人员将与之相对应的样本当作正面训练样本，将其他 ANP 对应的样本当作负面训练样本。然后在提取这些样本的视觉特征的基础上基于 LibSVM 模型[123]来训练与每个 ANP 概念相对应的概念检测器，使用到的底层视觉特征包括颜色直方图、GIST 描述符、LBP 描述符、BOW 量化描述符和一种 2 000 维的属性特征[124]。假设第 i 个样本对应的视觉特征向量为 $x(i)$，与第 j 个 ANP 相对应的 SVM 模型参数为 $w(j)$，那么能指示第 j 个 ANP 是否在第 i 个样本中出现的 SVM 分类器决策值为：

$$v_j^{(i)} = (w(j))^{\mathrm{T}} x(i) + b \tag{4-1}$$

式中：b—— 偏置项。

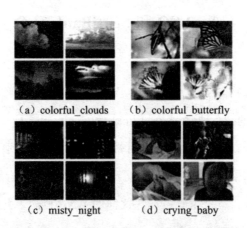

（a）colorful_clouds （b）colorful_butterfly

（c）misty_night （d）crying_baby

图 4-2 视觉情感本体 VSO 中 ANP 概念对应的图像样本示例

经过带概率估计选项的训练，各个 SVM 模型的输出就是各个 ANP 概念在图像样本中出现的概率，最终只有 1 200 个具有良好性能的 ANP 概念检测器被用来建立 SentiBank。情感银行 SentiBank 可以被用于检测图像样本在 1 200 维 ANP 概念上的响应概率，进而生成一个 1 200 维的中间特征向量来对图像样本进行描述。假设从第 i 个样本图像中检测到的 ANP 概念响应向量为 $r(i) \in \mathbf{R}^n$（此处的 $n = 1\,200$），这些 ANP 概念响应就可以被当成是从图像中提取到的中间表示特征，从而被送入分类器开展训练。利用 ANP 概念响应对图像样本进行描述，相当于是在图像底层视觉特征和图像情感含义之间建立了一个中间表示层，这能够起到对语义鸿沟进行桥接的作用。研究表明，利用 SentiBank 提取图像的 ANP 概念响应对其进行表示，能够在图像情感倾向分析中获得比基于底层视觉特征的方法更好的预测性能。图 4-3 给出了基于 VSO 和 SentiBank 的图像情感预测流程示意图，本章在后续的实验中使用哥伦比亚大学公布的 SentiBank 1.1 来直接获取图像数据的 1 200 维 ANP 概念响应。

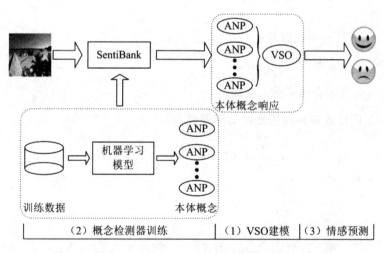

图 4-3　基于 VSO 和 SentiBank 的图像情感预测示意图

4.3　基于本体概念响应的图像情感预测

　　如图 4-3 所示，在检测到图像中的 ANP 概念响应之后，就可以获得 1 200 维的概念响应向量来对图像样本进行表示。现有基于 VSO 和 SentiBank 的图像情感预测研究往往将这些本体概念响应当成中间特征送入 SVM 和 LR 等分类器，并借助人工情感标签再一次开展有监督训练，从而得到能对无标注样本情感倾向进行预测的参数。本章在基于本体概念响应的图像情感预测中采用 LR 模型，考虑到概念响应的高维度，采用加入 L2 正则化约束的逻辑回归模型来防止过拟合，这与现有基于本体概念响应的方法有所不同。

假设从第 i 个样本图像中检测到的 ANP 概念响应向量为 $r(i)$，第 i 个样本对应的情感标记值为 $y^{(i)} \in \{0,1\}$（其中 "1" 代表正面情感倾向，"0" 代表负面情感倾向），LR 模型的参数为 θ，那么表示一个样本对应标记值 "1" 的概率的预测函数为：

$$h_\theta(r(i)) = p(y^{(i)} = 1 \mid r(i), \boldsymbol{\theta}) = \frac{1}{1 + \exp(-\boldsymbol{\theta}^{\mathrm{T}} r(i))} \tag{4-2}$$

此时，加入了 L2 正则化约束的 LR 模型的代价函数为[79,125]：

$$J(\boldsymbol{\theta}) = -\frac{1}{N} \Big[\sum_{i=1}^{N} (y^{(i)} \log_2(h_\theta(r(i))) + (1 - y^{(i)}) \log_2(1 - h_\theta(r(i)))) \Big] + \frac{\lambda}{2N} \sum_{j=1}^{1200} \theta_j^2 \tag{4-3}$$

式中：N——训练样本的数量；

λ——正则化参数；

j——概念响应向量的元素序号。

而此时正则化逻辑回归模型的学习规则为[79]：

$$\theta_0 := \theta_0 - \alpha \frac{\partial}{\partial \theta_0} J(\boldsymbol{\theta}) = \theta_0 - \alpha \frac{1}{N} \sum_{i=1}^{N} (h_\theta(r(i)) - y^{(i)}) \tag{4-4}$$

$$\theta_j := \theta_j - \alpha \frac{\partial}{\partial \theta_j} J(\boldsymbol{\theta})$$

$$= \theta_j - \alpha \Big(\big(\frac{1}{N} \sum_{i=1}^{N} (h_\theta(r(i)) - y^{(i)}) r_j^{(i)}\big) + \frac{\lambda}{N} \theta_j \Big) \text{ for } j \geqslant 1 \tag{4-5}$$

式中：α——学习速率。

4.4 利用文本情感的图像情感预测

VSO 中的每个 ANP 都包含一个与情感相关的形容词和一个对图像目标或场景进

行描述的名词，为了对 ANP 概念的文本情感信息加以利用，本章基于 SentiWord-Net[126] 和 SentiStrength[127] 来获得 ANP 概念中形容词和名词的文本情感数值。Senti-WordNet 是一种用于文本情感分析和意见挖掘的词汇资源库，其中的每个词条都被基于三种情感进行评分，即积极、消极和客观[126]。而 SentiStrength 则基于网络空间中的语法和拼写风格从英文文本中提取情感强度，它可以被用来估计短文的正面和负面情感强度，即使是在非正式的语言场合[127]。

本章参照文献［44］的做法来定义 ANP 的文本情感数值，当形容词和名词的情感极性相反时，形容词的情感数值被当作 ANP 概念的总体情感数值，因为形容词的影响力通常更强。而当形容词和名词的情感极性相同时，形容词和名词的情感数值之和被当作 ANP 概念的总体情感数值。那么，第 j 个 ANP 的文本情感数值可以表示为：

$$s_j = \begin{cases} s_j(\text{adj}), & \text{when } s_j(\text{adj}) \times s_j(\text{noun}) < 0 \\ s_j(\text{adj}) + s_j(\text{noun}), & \text{else} \end{cases} \tag{4-6}$$

式中：$s_j(\text{adj})$ —— 第 j 个 ANP 中形容词的情感数值；

$s_j(\text{noun})$ —— 第 j 个 ANP 中名词的情感数值。

因为一个单词的情感数值取值范围是 -1 到 $+1$，所以每个 ANP 概念对应的情感数值会落在 -2 到 $+2$ 之间。图 4-4 显示了 SentiBank 中 1 200 维 ANP 概念的情感数值分布，由于空间限制，此处仅给出了一部分 ANP 的名称。从图 4-4 可以发现，ANP 概念具有明显的正负情感倾向，但是具有正面情感倾向的 ANP 概念要更多一些。

图 4-4 SentiBank 中 1 200 维 ANP 概念的情感数值分布示意图

如图 4-5 所示，在得到 ANP 的情感数值后就可以结合图像样本的 ANP 响应计算出图像情感数值，本章采用加权求和模型（Weighted Sum Model，WSM）来对其进行定义。为了排除那些在图像样本中出现概率较小的 ANP 概念所造成的干扰，在求和时仅保留响应数值 $r_j \geqslant 0.5$ 的 ANP 响应，第 i 个图像样本的情感数值 $S^{(i)}$ 可以表示为：

$$S^{(i)} = \sum_{j=1}^{1200} 1\{r_j^{(i)} \geqslant 0.5\} r_j^{(i)} s_j \tag{4-7}$$

式中：$1\{\cdot\}$ —— 指示函数，当括号内条件成立时取值为 1，否则取值为 0。

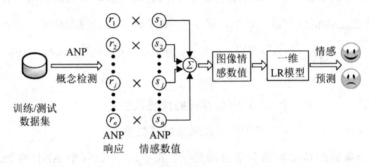

图 4-5 利用文本情感的图像情感预测方案示意图

在只保留数值大于等于 0.5 的 ANP 响应的情况下，图像样本的有效 ANP 响应在 0.5 到 1 之间取值。为了凸显不同 ANP 响应之间的差异，接下来使用指数函数以非线性方式扩大不同响应值之间的间隔，经过映射处理的响应数值可以表示为：

$$r_j^{'(i)} = \exp(k r_j^{(i)} - k) \tag{4-8}$$

式中：k —— 强化因子（取值大于等于 1）。

图 4-6 给出了取不同的强化因子数值的条件下（$k=1$，2，3，4 和 5），该指数映射函数的变换效果示意图。可以发现，如果选择适当的 k 值，指数函数可以以非线性的方式将 ANP 响应从 $[0.5，1]$ 的范围转换到 $[0，1]$ 的范围。此时的图像情感数值定义应被修正为：

$$S^{'(i)} = \sum_{j=1}^{1200} 1\{r_j^{(i)} \geqslant 0.5\} r_j^{'(i)} s_j = \sum_{j=1}^{1200} 1\{r_j^{(i)} \geqslant 0.5\} \exp(k r_j^{(i)} - k) s_j \tag{4-9}$$

式中：$S^{'(i)}$ —— 修正后的图像情感数值。

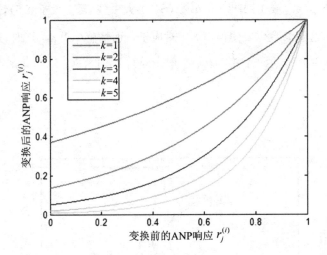

图 4-6 指数映射函数的变换效果示意图 （k＝1，2，3，4 和 5）

由式（4-9）得到的图像情感数值对其情感倾向有指示性作用，利用图像情感数值进行情感倾向预测的最简单方法是选择一个阈值，并以此对图像情感的正负极性进行判别。但是选取固定阈值不一定能得到最佳效果，因此本章提出了一种通过反向传播训练来确定最优阈值的方法。假设 N 个训练样本对应的图像情感数值分别为：$S^{'(1)}$，$S^{'(2)}$，…，$S^{'(i)}$，…，$S^{'(N)}$，每个样本都有一个表征其情感倾向的标记值 $y^{(i)} \in \{0,1\}$。并且假设确定的阈值为 t，当 $S^{'(i)} > t$ 时预测其情感倾向为正（即 $y^{(i)} = 1$），反之亦然。在这种情况下，选择最优阈值的本质任务就是尽可能地寻找使预测错误的样本数量最少的阈值。

如图 4-7 所示，本章利用一维逻辑回归模型来确定最优图像情感阈值。首先借助逻辑函数来创建图像情感数值和图像情感倾向为正（即 $y^{(i)} = 1$）的概率之间的映射关系，如果第 i 个图像样本的情感数值为 $S^{'(i)}$，它对应于标记值 $y^{(i)} = 1$ 的概率为：

$$h_{\theta_0,\theta_1}(S^{'(i)}) = p(y^{(i)} = 1 \mid S^{'(i)}, \theta_0, \theta_1) = \frac{1}{1 + \exp(-(\theta_1 S^{'(i)} + \theta_0))} \quad (4\text{-}10)$$

式中：θ_0 和 θ_1——一维逻辑回归模型的参数。

对式（4-10）而言，当 $\theta_1 S^{'(i)} + \theta_0 > 0$（或者 $S^{'(i)} > -\theta_0/\theta_1$）时，$h_{\theta_0,\theta_1}(S^{'(i)}) > 0.5$，而当 $\theta_1 S^{'(i)} + \theta_0 < 0$（或者 $S^{'(i)} < -\theta_0/\theta_1$）时，$h_{\theta_0,\theta_1}(S^{'(i)}) < 0.5$。所以，$-\theta_0/\theta_1$ 的数值可以被当成是用于图像情感预测的阈值。如果将训练样本对应的图像情感数值 $S^{'(i)}$ 看成是一维特征，需要寻找到合适的参数（θ_0 和 θ_1），使得当 $S^{'(i)}$ 对应于正面情感（$y^{(i)} = 1$）

时，逻辑函数的值 $p(y^{(i)} = 1 \mid S^{'(i)}) = h_{\theta_0,\theta_1}(S^{'(i)})$ 大一些(至少大于 0.5)，这样才能作出正确的预测。同理，这些参数也要使得当 $S^{'(i)}$ 对应于负面情感($y^{(i)} = 0$) 时，逻辑函数的值 $p(y^{(i)} = 1 \mid S^{'(i)}) = h_{\theta_0,\theta_1}(S^{'(i)})$ 小一些，或者 $p(y^{(i)} = 0 \mid S^{'(i)}) = 1 - p(y^{(i)} = 1 \mid S^{'(i)})$ 的值大一些。

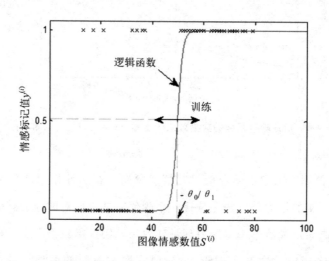

图 4-7　基于图像情感数值和一维 LR 模型的图像情感预测示意图

接下来可以通过训练一维逻辑回归模型来得到合适的参数 θ_0 和 θ_1，从而进行图像情感倾向预测。和普通的逻辑回归模型类似，一维逻辑回归模型的代价函数为[79]：

$$J(\theta_0,\theta_1) = -\frac{1}{N}\Big[\sum_{i=1}^{N}(y^{(i)}\log_2(h_{\theta_0,\theta_1}(S^{'(i)})) + (1-y^{(i)})\log_2(1-h_{\theta_0,\theta_1}(S^{'(i)})))\Big]$$

$$(4\text{-}11)$$

式中：N——训练样本的数量。

经过反向传播训练，就可以得到用于图像情感预测的参数 θ_0 和 θ_1，这相当于是寻找到了合适的图像情感阈值 $-\theta_0/\theta_1$。一维逻辑回归模型的学习规则为[79]：

$$\theta_0 := \theta_0 - \alpha\frac{\partial}{\partial\theta_0}J(\theta_0,\theta_1) = \theta_0 - \alpha\frac{1}{N}\sum_{i=1}^{N}(h_{\theta_0,\theta_1}(S^{'(i)}) - y^{(i)}) \qquad (4\text{-}12)$$

$$\theta_1 := \theta_1 - \alpha\frac{\partial}{\partial\theta_1}J(\theta_0,\theta_1) = \theta_1 - \alpha\frac{1}{N}\sum_{i=1}^{N}(h_{\theta_0,\theta_1}(S^{'(i)}) - y^{(i)})S^{'(i)} \qquad (4\text{-}13)$$

式中：α——学习速率。

4.5 基于后融合方法的图像情感预测

后融合（Late Fusion）是一种通过对不同分类器的预测分数进行组合来提高识别精度的有效方法[128]，基于本体概念响应的图像情感预测和利用 ANP 文本情感的图像情感预测最后得到的都是关于图像情感倾向的概率，有可能借助后融合措施综合考虑采用两种方法得到的预测结果来进一步提高整体预测精度。如图 4-8 所示，本章尝试将基于本体概念响应和利用 ANP 文本情感得到的图像情感预测分数进行综合，采用一种简单的后融合方法来选择具有较小不确定性的预测分数，并将其作为最终预测结果。

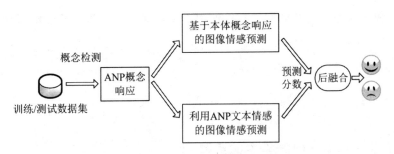

图 4-8　基于后融合方法的图像情感预测方案示意图

对于每一个图像样本，假设采用基于本体概念响应的方法得到的预测分数为 p_1，基于利用 ANP 文本情感的方法得到的预测分数为 p_2，则可以将利用两种方法得到的预测分数表示为：$p = (p_1, p_2)^{\mathrm{T}}$。情感预测分数是图像对应于情感标记值"1"（正面情感）的概率，那么采用这两种方法得到的图像对应于情感标记值"0"（负面情感）的概率是 $q_1 = 1 - p_1$ 和 $q_2 = 1 - p_2$。可以使用二进制熵函数来评估预测结果的不确定度[129]：$H(p_i) = -p_i \times \log_2(p_i) - (1 - p_i) \times \log_2(1 - p_i)$，其中 $i = 1$ 和 2。因此，可以选择具有较小 $H(p_i)$ 值的 p_i 作为最终预测分数，因为信息理论中的信息熵 $H(p_i)$ 能表示预测结果的不确定程度。由于二值分类中的 $p_i = 0.5$ 时 $H(p_i)$ 达到最大值，所以可以选择最不接近于 0.5 的预测分数作为最终预测结果：

$$p = 1\{\,|\,p_1 - 0.5\,|\geqslant|\,p_2 - 0.5\,|\,\}p_1 + 1\{\,|\,p_1 - 0.5\,|<|\,p_2 - 0.5\,|\,\}p_2$$

(4-14)

式中：$1\{\cdot\}$ —— 指示函数，当括号内条件成立时取值为 1，否则取值为 0。

4.6　实验结果与分析

为了对各种图像情感倾向预测方法进行性能评估，本章在文献［44］和文献［53］建立的基准数据集中进行实验。主要的实验在文献［53］建立的数据集（Twitter 1269）中开展，因为文献［53］已经使用了包括深度学习方法在内的不同手段开展广泛的图像情感预测实验，可以与其实验结果进行直接的比较。此外，本章也在文献［44］所建立的数据集（Twitter 603）中开展实验并进行性能对比。在对图像样本的 ANP 概念响应进行检测时，直接使用哥伦比亚大学开发并公布的最新版本情感银行程序库 SentiBank1.1[44]。在对 LR 模型进行反向传播训练时采用 fmincg 函数[130]，因为它可以自动选择学习率等训练参数。并且，所有的实验都是在具有 8 GB RAM 和 Intel Core i5-3.2GHz CPU 的计算机上开展的。

4.6.1　Twitter 1269 数据集中的实验

Twitter 1269 数据集中的图像样本是从 Twitter 平台搜集而来，研究人员借助亚马逊土耳其机器人（Amazon Mechanical Turk，AMT）众包平台对其样本进行情感标注。每个候选图像样本均被五名 AMT 工作人员进行标注，其中至少有三名 AMT 标注人员给出相同情感标签的 1 269 张图片被用来建立该数据集。这 1 269 张图片组成的集合也被叫作 "At least three agree" 子集，表示至少有三名 AMT 标注人员在对其进行情感标注时达成了一致的意见。在这所有的图像样本中，有 1 116 个样本的情感标签得到了至少四名以上 AMT 标注人员的认可，这 1 116 个样本构成的集合被称为 "At least four agree" 子集。同理，该数据库还有一个包含 882 个图像样本的 "Five agree" 子集，五名 AMT 标注人员在对这个子集的样本进行评价时给出了相同的情感标签。表 4-1 给出了 Twitter 1269 数据集的这三个子集的样本数量统计。

表 4-1　Twitter 1269 数据集的情感标记结果统计表

数据子集	正面	负面	总计
Five agree	581	301	882
At least four agree	689	427	1116
At least three agree	769	500	1269

和文献［53］的做法一样，本章在后续的实验中使用精确度、召回率、F1 综合指标和准确率四个指标对情感预测性能进行评估。除了后融合方法之外，还对基于本体概念响应的方法和本章提出的利用 ANP 文本情感的方法的预测性能进行了测试，以便进行彻底的比较。实验采用五次交叉验证模式并使用平均性能来评估所有的方法，对 LR 模型进行训练时将最大迭代次数设置为 50。

4.6.1.1　基于本体概念响应的方法和利用文本情感的方法

本章首先开展实验以确定基于本体概念响应的图像情感倾向预测方案中正则化参数 λ 的合适取值，以及利用 ANP 文本情感的图像情感预测方案中强化因子 k 的合适取值。图 4-9 给出了在选用不同的 λ 数值的时候，采用基于本体概念响应的方法所取得的情感预测性能。"$\lambda=0$"表示没有在逻辑回归模型的代价函数中加入正则化约束项的情况。可以看出，如果选择适当的 λ 值，可以提高情感预测性能。图 4-10 给出了在选用不同的 k 值的时候，基于利用 ANP 文本情感的方法所取得的图像情感预测性能。"$k=\text{null}$"表示没有将 ANP 响应从［0.5，1］取值范围转换到［0，1］取值范围的情况。同样可以发现，除了召回率指标之外，对 ANP 响应的非线性转换明显地改善了各个指标上的情感预测性能。所以，正则化参数 λ 和强化因子 k 的取值可以影响预测性能，这从侧面说明了本章所提方法的有效性。

而且不管采用什么方法，在"At least four agree"子集上的实验结果要好于"At least three agree"子集上的实验结果，而"Five agree"子集上的实验结果又明显优于"At least four agree"子集上的实验结果。这说明评价结果更明确的图像子集的情感标签信息要更可靠，因为较多的 AMT 标注人员在对其样本进行情感标注时达成了一致的意见。实验结果也显示了精确度与召回率指标之间的矛盾关系，因为不可能在不牺牲其中一个指标性能的前提下去提高另一个指标的性能。

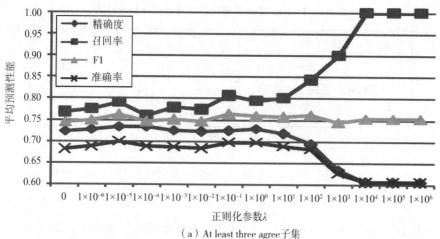

（a）At least three agree子集

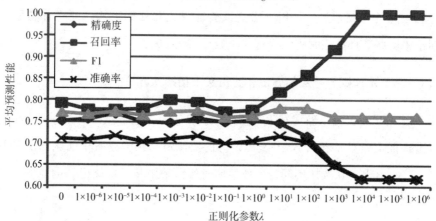

（b）At least three agree子集

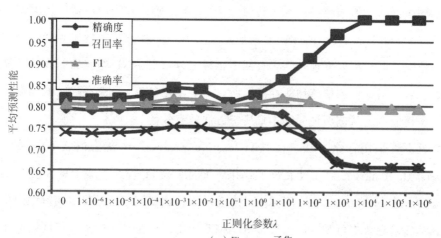

（c）Five agree子集

图 4-9　取不同的 λ 值时基于本体概念响应的图像情感预测性能

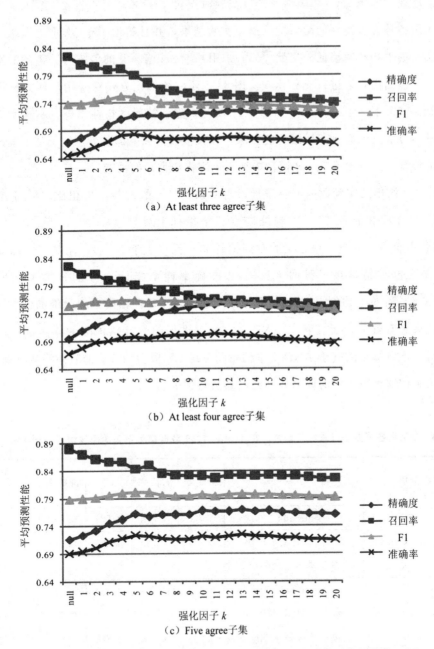

图 4-10 取不同的 k 值时利用 ANP 文本情感的图像情感预测性能

在进行充分实验的基础上，最终根据精确度和 F1 指标上的实验结果设定 $k=5$，而在确定正则化参数 λ 的取值时，则额外考虑了采用后融合方法得到的实验结果。在 "At least three agree" 和 "At least four agree" 子集上开展实验时将 λ 数值设置为 1

$\times 10^{-5}$，而在"Five agree"子集上开展实验时设置 $\lambda = 1 \times 10^{-3}$。表 4-2 给出了选定参数后采用各种方法得到的图像情感预测实验结果，并且给出了 10 次重复训练和交叉验证实验的平均时间消耗。文献 [53] 采用基于 SentiBank 的传统方法得到的实验结果也一并被给出，以进行充分比较。图 4-11 还以图形化方式对采用不同方法得到的预测结果进行比较。如表 4-2 和图 4-11 所示，除了精确度指标以外，本章所提出的两种基本方法（没有进行后融合的方法）在大多数指标上都取得了优于基于本体概念响应的传统方法（没有在 LR 模型中加入正则化约束）的性能。

从表 4-2 给出的实验数据可以发现，与文献 [53] 的实验结果相比，利用 ANP 文本情感的方法在召回率、F1 和准确率三个指标上分别获得了 9.2%、3.7% 和 2.9% 的性能提升。而且，该方法的时间消耗非常低（小于 0.5s）。而基于本体概念响应的方法也在精确度、召回率、F1 和准确率四个指标上分别获得了 2.2%、8.7%、5.4% 和 6.1% 的性能提升。这些结果表明在逻辑回归模型的代价函数中加入正则化约束是有效的，而且利用 ANP 文本情感进行图像情感预测的方法也是可行的。并且，本章提出的基于 ANP 文本情感和一维 LR 模型的方法的时间消耗特别低，这是因为采用这种方法的时候需要训练的参数特别少。

表 4-2　采用各种方法（未经后融合）在 Twitter 1269 数据集上得到的图像情感预测结果

数据子集	方法	精确度	召回率	F1	准确率	时间消耗（s）
At least three agree	SentiBank[53]	0.720	0.723	0.721	0.662	/
	利用 ANP 文本情感	0.717	0.789	0.751	0.683	0.362
	基于本体概念响应	0.735	0.791	0.762	0.701	2.135
At least four agree	SentiBank[53]	0.742	0.727	0.734	0.675	/
	利用 ANP 文本情感	0.739	0.791	0.763	0.698	0.324
	基于本体概念响应	0.768	0.778	0.773	0.718	1.887
Five agree	SentiBank[53]	0.785	0.768	0.776	0.709	/
	利用 ANP 文本情感	0.763	0.843	0.800	0.724	0.208
	基于本体概念响应	0.793	0.842	0.816	0.751	1.704

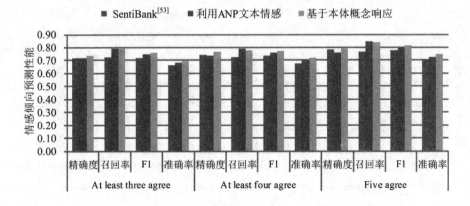

图 4-11 采用各种方法（未经后融合）在 Twitter 1269 数据集上得到的图像情感预测结果

4.6.1.2 后融合方法

本章接下来对利用 ANP 文本情感的方法和基于本体概念响应的方法进行综合，基于后融合方法开展图像情感预测实验。表 4-3 给出了采用后融合方法得到的实验结果，同时也给出了文献［53］基于深度学习方法得到的实验结果，以进行充分比较。图 4-12 还以图形化方式对采用不同方法得到的预测结果进行比较。"CNN"和"PC-NN"分别代表文献［53］提出的用于视觉情感分析的 CNN 模型和渐进微调卷积神经网络（Progressive Convolutional Neural Network，PCNN）模型。CNN 和 PCNN 模型由两个卷积层和相应的池化层组成，这些模型经历了 300 000 次迭代的小批次训练，并且在微调阶段经历了另外 100 000 次迭代的小批次训练[53]。

表 4-3 采用后融合和深度学习方法在 Twitter 1269 数据集上得到的图像情感预测结果

数据子集	方法	精确度	召回率	F1	准确率	时间消耗（s）
At least three agree	CNN[53]	0.734	0.832	0.779	0.715	/
	PCNN[53]	0.755	0.805	0.778	0.723	/
	后融合	0.739	0.809	0.772	0.711	2.436
At least four agree	CNN[53]	0.773	0.855	0.811	0.755	/
	PCNN[53]	0.786	0.842	0.811	0.759	/
	后融合	0.765	0.823	0.792	0.734	2.301
Five agree	CNN[53]	0.795	0.905	0.846	0.783	/
	PCNN[53]	0.797	0.881	0.836	0.773	/
	后融合	0.804	0.864	0.833	0.772	2.883

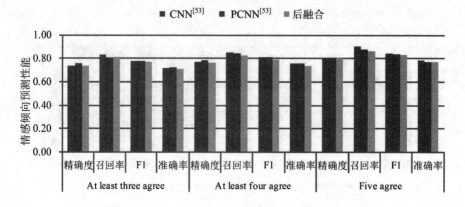

图 4-12　采用后融合和深度学习方法在 Twitter 1269 数据集上得到的图像情感预测结果

　　将表 4-3 和表 4-2 的实验数据进行对比可以发现，与传统基于 SentiBank 的方法相比，后融合方法能进一步提升情感预测性能，它在精确度、召回率、F1 和准确率四个指标上分别获得了 2.4%～3.1%、11.9%～13.2%、7.1%～7.9% 和 7.4%～8.9% 的性能提升。从表 4-3 和图 4-12 还可以观察到，在大多数情况下，后融合方法可以获得和基于 CNN 的方法比较接近的性能。在面向"Five agree"子集的实验中，它在精确度指标上甚至获得了优于 CNN 和 PCNN 的性能。这些实验结果表明：利用 ANP 文本情感的方法可以为图像情感预测提供额外的参考信息。更为重要的是，后融合操作只增加了很少的计算成本，因为后融合方法的平均时间消耗还不到 3s。由于基于深度学习的 SentiBank（DeepSentiBank）还尚未被公布，基于底层视觉特征的 SentiBank1.1 被用来检测图像样本的 ANP 响应。从这种角度来看，如果将来有可能使用 DeepSentiBank 来检测 ANP 概念响应，基于后融合方法的图像情感预测性能还有可能得到进一步提高。

　　为了直观地展示实验结果，接下来以采用每种方法得到的情感预测分数为依据，选取了在面向"At least three agree"子集的实验中预测结果最正面和最负面的五个图像样本。图 4-13 的每一行给出了采用各种方法进行实验时得到的示例图像（人脸被模糊化处理，具有争议性内容的样本被略过），这些图像都被按照预测分数进行降序排列（从左向右）。可以发现所有图像样本都被正确地预测，而且预测结果最正面的图像样本的主要内容是微笑的面孔、美丽的场景和鲜花。与之相反，预测结果最负面的图像样本的主要内容是灾难场景和可怕的昆虫。从图中可以看出，利用 ANP 文本情感的方法和基于本体概念响应的方法都能够对图像情感倾向进行预测,但是采用这两种方法得到的示例图像又不完全相同。这说明两种方法之间存在差异,采用后融合措施可以对其进行结合。

图 4-13 在 Twitter 1269 数据集上进行实验时预测结果最正面和最负面的五幅图像

图 4-14 给出了基于本体概念响应的方法作出错误预测,但是利用 ANP 文本情感的方法却作出正确预测的五个正面和负面样本示例。这些图像被按照预测分数进行降序排列(从左到右),其中涉及人脸的图像样本被模糊化处理。可以看出,这些图像的情感标签信息没有太大的争议。例如,正面样本的内容主要是美丽的花朵和微笑的面孔,负面样本的内容主要是让人不舒服的场景和事物。这进一步说明:ANP 的文本情感数值可以为图像情感分析相关应用提供额外的有用信息。

图 4-14 利用 ANP 文本情感的方法预测正确 (基于本体概念响应的方法预测错误) 的
Twitter 1269 数据集样本示例

4.6.2 Twitter 603 数据集中的实验

Twitter 603 数据集包含 603 张图片推文,其内容涵盖人类、社会和事件等 21 个主题[44]。该数据集样本是通过 PeopleBrowsr API 收集而来的,其情感标签信息也来自 AMT 众包平台。尽管文献 [44] 在对预测性能进行评价时仅使用了准确率指标,本章在实验中仍然使用精确度、召回率、F1 综合指标和准确率四个指标对情感预测性能进行评估。为了得到最佳性能,在基于本体概念响应的图像情感倾向预测方案中将正则化参数 λ 设置为 10,在利用 ANP 文本情感的图像情感预测方案中将强化因子 k 设置为 5。实验仍然采取五次交叉验证模式,并且在训练过程中,也将迭代次数设置为 50。表 4-4 给出了选定参数后采用各种方法得到的图像情感预测实验结果,并且给出了 10 次重复训练和交叉验证实验的平均时间消耗。文献 [44] 采用基于底层视觉特征的方法和基于 SentiBank 的传统方法得到的实验结果也被一并给出,以进行充分比较。

如表 4-4 所示,即便在没有进行后融合的情况下,本章采用的利用 ANP 文本情感的方法和基于本体概念响应的方法均取得了优于文献 [44] 的图像情感预测性能。与基于 SentiBank 的传统方法相比,利用 ANP 文本情感的方法在准确率指标上获得了 11.3% 的性能提升。与此同时,基于本体概念响应的方法也在准确率指标上获得了 8.3% 的性能提升。还可以发现,除了精确度指标以外,利用 ANP 文本情感的方法取得了比基于本体概念响应的方法更好的预测性能。而且,后融合方法也在除了精确度以外的大部分指标上取得了性能改善。这些实验结果进一步说明了利用 ANP 文本情感信息进行图像情感分析的可行性。而且,利用 ANP 文本情感的方法的时间消耗仍然很低,后融合操作也不会增加太多的计算复杂度。

表 4-4　采用各种方法在 Twitter 603 数据集上得到的图像情感预测结果

方法	精确度	召回率	F1	准确率	时间消耗（s）
底层视觉特征方法[44]	/	/	/	0.570	/
SentiBank[44]	/	/	/	0.700	/
利用 ANP 文本情感	0.779	1.000	0.875	0.779	0.137
基于本体概念响应	0.783	0.953	0.859	0.758	1.734
后融合	0.781	1.000	0.876	0.781	2.486

本章也在采用各种方法的实验中根据情感预测分数从 Twitter 603 数据集中选出预测结果最正面和最负面的五个图像样本，并在图 4-15 中进行显示。非公众人物的面部被模糊化处理，图像内容有争议的样本也被略过。预测结果与情感标签不一致的图像被用红框标出，因为并非所有的图像样本都被正确地预测。可以发现，具有负面情感含义的图像样本更容易被错误地预测，这是由训练样本的不均衡性所造成的。在 Twitter 603 数据集中，正面图像样本的数量是负面样本的三倍以上。此外，该数据集的人工情感标签也不太可靠。例如，第二行的第三张图片具有负面情感标签，但是它也可以被认为是一张让人感觉"有趣"的图片。第二行的第六张图片具有正面情感标签，但是它也可能使一些人感到恐惧。由情感标签的不可靠性和训练数据的不均衡性所造成的问题还有待解决。然而基于利用 ANP 文本情感的方法得到的情感预测分数最高的五个样本均被成功预测，这也表明了本书所提方法的有效性。

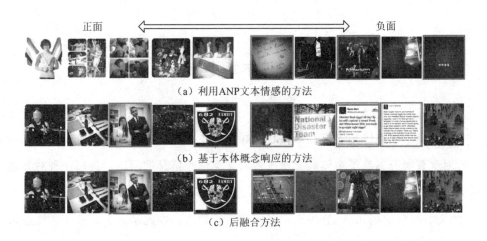

图 4-15　在 Twitter 603 数据集上进行实验时预测结果最正面和最负面的五幅图像

图 4-16 给出了在 Twitter 603 数据集上开展实验时，基于本体概念响应的方法作出错误预测，但是利用 ANP 文本情感的方法却作出正确预测的样本示例。在这种情况下，没有携带负面情感信息的样本示例，因为 Twitter 603 数据集中的绝大多数图像都是正面样本。虽然第一行中第三张图片的情感标签信息可能存在一些争议，但是这些图像所反映的情感信息从整体上看还是正面的。针对这些样本，基于本体概念响应的方法尚且不能给出正确的预测结果，而利用 ANP 文本情感的方法却给出了正确

的预测结果。这也进一步表明：有必要利用 ANP 的文本情感信息来提高图像情感分析性能。

图 4-16　利用 ANP 文本情感的方法预测正确（基于本体概念响应的方法预测错误）的 Twitter 603 数据集样本示例

4. 7　本章小结

本章基于中间本体描述方法面向社交媒体中主题宽泛的图像数据进行情感倾向分析，针对现有研究忽略了本体概念所携带的文本情感信息的问题，提出一种对其进行利用的方法。在基于 SentiBank 概念检测器得到图像中的 ANP 概念响应之后，利用 ANP 的文本情感信息和 ANP 响应定义图像情感数值。在此基础上，基于一维逻辑回归模型根据图像情感数值来预测其情感极性。此外，本章还对现有基于本体概念响应的图像情感预测方法进行改善，在用于情感预测的逻辑回归模型的代价函数中加入正则化约束，并且还采用后融合算法来对这两种情感预测方法进行综合。实验结果表明利用 ANP 的文本情感信息进一步提高图像情感预测性能是具有可行性的，这为面向视觉内容的情感分析研究提供了一种新的思路。迄今为止，文本情感分析和图像内容自动注释相关领域的研究已经取得了巨大的进展。因此，有可能借助这些领域的研究成果将图像内容翻译成文本，然后再利用文本情感分析的研究成果来预测图像内容所反映的情感含义。

5 基于 NIN 深度卷积神经网络的图像情感倾向分析

5.1 引　　言

为了填补主题宽泛的图像内容和情感倾向之间的语义鸿沟，研究人员尝试使用各种中间表达层来作为底层视觉特征和情感语义之间的桥梁。近年来，深度学习技术因其在人工智能领域的卓越表现而成为研究热点，它使用多层模型将低层次特征转换到更抽象的特征空间，与基于人工特征的方法相比能够更好地描述输入数据的内在信息[131-136]。这为人工智能相关研究带来了新的机遇，也给智能情感分析领域带来新的突破。更重要的是，社交媒体中的海量数据可以为深度学习提供足够的训练样本。目前已经出现各种基于深度学习技术面向文本和视觉内容进行情感分析和意见挖掘的尝试[137-145]，研究人员也开始用深度卷积神经网络作为中间表达层来开展图像情感倾向预测。现有基于深度学习的图像情感倾向分析方法可以分为两大类：end-to-end 模式和 pipeline 模式。如图 5-1 所示，采用 end-to-end 模式的方法尝试使用诸如卷积神经网络之类的深度模型来建立图像像素与图像情感倾向之间的映射。而采用 pipeline 模式的方法则尝试使用深度学习模型建立图像内容与认知语义之间的映射，然后基于认知语义进行图像情感分析和预测。

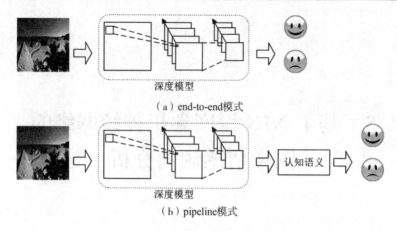

（a）end-to-end模式

（b）pipeline模式

图 5-1　基于深度学习的图像情感倾向分析系统示意图

从总体上来看，end-to-end 模式在目前基于深度卷积神经网络的视觉内容情感语义研究中被广泛采用，但是训练样本情感标签不可靠的问题影响了基于有监督深度卷积神经网络的情感分析系统性能。近年来出现了一种被称为 NIN 的特殊卷积神经网络模型[146]，它用多层感知器（Multilayer Perceptron，MLP）这样的微网络结构来替代传统的广义线性模型（Generalized Linear Model，GLM），具有更强的泛化能力。本章采用了这种泛化能力更强的 NIN 网络模型面向社交媒体中主题宽泛的图像数据进行情感倾向预测，并且在训练过程中对训练样本进行筛选，通过网络优化微调技术来提高图像情感预测性能。

虽然本书在第 2 章和第 3 章中已经使用卷积神经网络进行全局特征提取，但是本章用到的有监督深度卷积神经网络和仅用于特征提取的卷积网络还有很大的区别。因此，本章首先对有监督深度卷积神经网络的网络结构和训练技术相关内容进行简单介绍，然后对 NIN 网络模型与传统深度卷积神经网络的区别进行阐述。接下来对本章采用的基于 NIN 网络的情感倾向预测方案和训练方法进行详细介绍，并对采用各种方法在基准数据集上得到的实验结果进行分析和讨论。

5.2 有监督深度卷积神经网络简介

卷积神经网络 CNN 是由 Hubel 和 Wiesel 受猫类大脑皮层神经网络结构的启发而提出的[147]，随着近年来深度学习技术的迅速发展，它在模式识别和计算机视觉领域得到广泛应用。CNN 可以直接建立识别结果和输入图像像素之间的联系，从而避免了复杂的图像处理和特征提取操作。而且它借助卷积操作实现了参数共享，与全连接的神经网络相比能有效地减少网络参数。因此，CNN 成为一种最为有效的深度学习模型，并且受到越来越多的研究人员的关注。但是无论如何发展，深度卷积神经网络模型主要还是由卷积层、下采样层（池化层）和全连接层（Fully Connected layers，FC）所构成的，并且其训练过程还是基于有标注样本寻找让代价函数达到最小值的网络参数的过程。

5.2.1 网络结构

如图 5-2 所示，经典的深度卷积神经网络是由多个交替出现的卷积层（包含激活函数）和下采样层，以及一个或者多个全连接层所构成的[148-149]。以图像数据为例，卷积层通过让滤波器在图像上滑动来获得响应，并采用 Sigmoid、Tanh 和 Rectifier 这样的非线性激活函数将响应数值映射到标准范围内（为了节省空间图 5-2 忽略了激活函数的作用），进而得到特征图案。下采样层则对上一个卷积层输出的特征图案进行空间上的采样操作，以减少网络参数和避免过拟合。全连接层将网络最终得到的特征数据进行综合，并建立其与标签空间之间的联系。

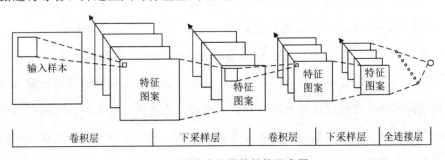

图 5-2 深度卷积网络结构示意图

5.2.1.1 卷积层

如图 5-3 给出的卷积过程详细示意图（忽略激活函数）所示，假设某个卷积层输入数据（输入样本或者上一个下采样层输出的特征图案）的尺寸为 $d \times d \times s$，其中 d 代表输入数据的宽度和高度，s 代表卷积层输入数据的通道数量（比如 RGB 彩色图像样本的通道数量为 3）。与全连接神经网络不同，卷积神经网络的卷积层在比输入数据尺寸小的区域上进行特征检测。这些小区域被称为局部感受野（Local Receptive Fields，LRF），而与这些局部感受野相对应的权重所组成的参数矩阵被称为滤波器（Filter）或者卷积核（Kernel）。卷积网络一般采用多个卷积核，并且这些卷积核的通道数量可以少于卷积层输入数据的通道数量，因为一个卷积核不必与输入数据的所有通道建立联系。假设某个卷积层有 K 个大小为 $n \times n \times t$ 的卷积核，其中的 n 一定小于输入数据尺寸 d，但是 t 可以小于或者等于输入数据的通道数量 s。

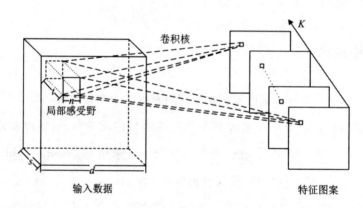

图 5-3　深度卷积神经网络的卷积层示意图

让这些与局部感受野相对应的卷积核在输入数据上滑动，就可以以共享权值（Shared Weights）的方式获得卷积层的输出特征图案。这种滑动操作并不一定是逐点进行的，卷积窗口滑动的步长被称为卷积步长（Stride），当卷积步长大于卷积核的尺寸时连续两次的卷积操作就不会重叠。此外，为了解决局部感受野在输入数据边缘处的过界问题，有时候还需要通过补零（或者其他数值）操作对输入数据进行边缘扩充（Pad），以保证输入数据的边界元素被检测到。表 5-1 给出了深度卷积神经网络卷积层中的关键参数，并对这些参数进行简要描述。

表 5-1   深度卷积神经网络卷积层的主要参数列表

参数		描述
卷积核（Kernel）	尺寸	卷积核的区域空间大小和通道数量
	个数	用于特征提取的滤波器数量
卷积步长（Stride）		相邻卷积区域的水平（垂直）位移
边缘扩充（Pad）参数		卷积层输入数据的边界元素填补参数

5.2.1.2   下采样层

和第 2 章中卷积自动编码器模型的池化操作一样，有监督深度卷积神经网络中的下采样层（或者池化层）的主要用途也是降低特征图案的分辨率和避免过拟合。但是深度卷积神经网络中的下采样操作更加灵活多变，所涉及的参数更多并且参与反向传播训练，这和卷积自动编码器中的池化操作有所区别。如图 5-4 所示（此处忽略了特征图案的通道数量），深度卷积神经网络的下采样层对卷积层输出的特征图案进行空间上的特征聚合操作，一次特征聚合操作的范围叫作池化区域。

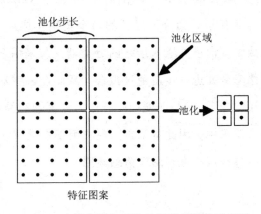

图 5-4   深度卷积神经网络的下采样操作示意图

根据选用的特征聚合函数的不同，深度卷积神经网络中常用的池化方法也包括最大池化、平均池化和随机池化。此外，下采样操作中也存在步长的概念，它是指两次特征聚合操作区域之间的水平（垂直）位移。当池化步长小于池化区域尺寸时，连续两次的池化操作会发生重叠（这种池化被称为重叠池化），否则不会重叠。同样，在进行下采样操作时池化区域在特征图案的边缘处也有可能会过界。为了解决这个问题，也可以通过填补数值来对待池化的特征图案进行边缘扩充操作。表 5-2 给出了深度卷积神经网络下采样层中的关键参数，并对其进行简要描述。

表 5-2　深度卷积神经网络下采样层的主要参数列表

参数	描述
池化区域尺寸	特征聚合区域的大小
池化方法	区域特征聚合方法
池化步长（Stride）	相邻池化区域的水平（垂直）位移
边缘扩充（Pad）参数	池化层的特征图案边界元素填补参数

5.2.1.3　全连接层

深度卷积神经网络的末端一般都附带有全连接层，如图 5-5 所示，它将卷积网络提取到的特征数据转换为向量，并送入 Softmax 和 LR 这样的分类器以建立其与标签空间的映射关系。在实际的应用中，可以在深度卷积神经网络的末端加入多个全连接层。当然，目前也有文献尝试采用一种全局平均池化（Global Average Pooling，GAP)[146]方法来替代全连接层，为分类任务的每个类别生成一个特征图案，取每个特征图案的平均值组成特征向量并送入最终的分类器。与采用全连接层的方法相比，这种方法能够减少网络参数并进一步避免过拟合，从而在一些基于深度 CNN 的计算机视觉研究中得到应用[150-151]。但是即便如此，作为深度卷积神经网络的重要组成部分，全连接层仍然被广泛采用。因此本章参照现有用于视觉情感分析的深度模型[53]，采用加入了全连接层的卷积网络进行图像情感预测。

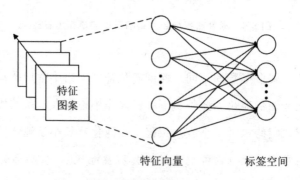

图 5-5　深度卷积神经网络的全连接层示意图

5.2.2 反向传播训练

和其他机器学习模型的训练过程相类似，针对深度卷积神经网络的反向传播训练也是在求取训练样本估计值和实际值之间的误差（代价函数）达到极小值时的网络参数。一般的训练步骤是：首先对网络参数进行初始化，然后求取代价函数与网络参数相关的梯度并据此对参数值进行更新，最后经迭代训练获得最优参数。但是与第 2 章提到的卷积自动编码器有所不同，有监督深度卷积神经网络采用的是 end-to-end 模式，其卷积层和下采样层都会参与反向传播训练。图 5-6 给出了深度卷积神经网络的反向传播训练示意图，此处仅用一层卷积层、下采样层和全连接层做指示性说明，并且这里也忽略了多个卷积核的作用。

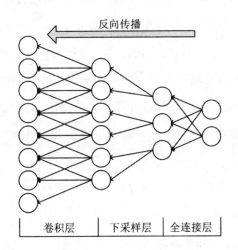

图 5-6　深度卷积神经网络的反向传播训练示意图

假设深度卷积神经网络的网络权重参数是 $(\boldsymbol{W}, \boldsymbol{b})$，代价函数为 $J(\boldsymbol{W}, \boldsymbol{b})$，第 l 层的误差项是 $\delta^{(l)}$。那么如果第 $l-1$ 层和第 l 层之间是全连接关系，那么第 $l-1$ 层的误差项为[79]：

$$\delta(l-1) = ((\boldsymbol{W}(l-1))^{\mathrm{T}}\delta(l)) \cdot \sigma'(z(l-1)) \tag{5-1}$$

式中：$\boldsymbol{W}(l-1)$ —— 第 $l-1$ 层的权重参数；

　　　$z(l-1)$ —— 未经激活函数处理的第 $l-1$ 层特征响应；

$\sigma(\cdot)$ —— 激活函数。

此时权重的梯度为[79]：

$$\nabla_{W(l-1)} J(\boldsymbol{W}, \boldsymbol{b}) = \boldsymbol{\delta}(l)(a(l-1))^{\mathrm{T}} \tag{5-2}$$

$$\nabla_{b(l-1)} J(\boldsymbol{W}, \boldsymbol{b}) = \delta(l) \tag{5-3}$$

式中：$a(l-1)$ —— 经过激活函数处理的第 $l-1$ 层特征响应；

$\boldsymbol{b}(l-1)$ —— 第 $l-1$ 层的偏置。

而如果第 $l-1$ 层是卷积层（附带下采样层），第 $l-1$ 层中对应各卷积核的误差项可以表示为[79]：

$$\boldsymbol{\delta}(l-1)_k = \mathrm{upsample}((\boldsymbol{W}(l-1)_k)^{\mathrm{T}} \boldsymbol{\delta}(l)_k) \cdot \sigma'(z(l-1)_k) \tag{5-4}$$

式中：k —— 卷积核的序号；

upsample（$\cdot$）—— 下采样的逆操作。

当训练数据比较多的时候，利用全部训练集的数据进行反向传播训练会非常慢，并且可能难以在单个计算机上进行处理，这时经常采用一种叫作随机梯度下降（Stochastic Gradient Descent，SGD）的优化方法。与批量梯度下降（Batch Gradient Descent，BGD）不同，SGD 可以基于部分训练样本进行参数更新，它能在保证快速收敛的前提下，克服基于完整的训练集合进行反向传播的高成本问题。假设待更新的模型参数为 θ（网络权重参数 $\boldsymbol{W}$ 和 $\boldsymbol{b}$），SGD 可以根据几个甚至一个训练样本来更新网络参数[79]：

$$\theta := \theta - \alpha \nabla_\theta J(\theta; x(m), y(m)) \tag{5-5}$$

式中：α —— 学习速率；

$(x^{(m)}, y^{(m)})$ —— 一组训练样本。

在采用 SGD 方法进行优化时，学习率 α 通常要被设置得比较小，因为其更新过程中存在更多的变化。在实践中，一种常用的做法是先使用足够小的恒定学习速率，以在训练过程的前一两个 epoch 中获得稳定的收敛，然后在收敛减慢时将学习速率数值减半。但是标准的 SGD 可能导致收敛过程非常缓慢，特别是在比较平坦的区域。这时可以采用冲量（Momentum）参数来加速收敛过程，其主要思路是如果本次的梯度方向和上一步一致，让其速率增强，否则对其进行减弱。这时的参数更新过程可以表示为[79]：

$$v := \gamma v + \alpha \nabla_\theta J(\theta; x(m), y(m)) \tag{5-6}$$

$$\boldsymbol{\theta} := \boldsymbol{\theta} - \boldsymbol{v} \tag{5-7}$$

式中：v—— 与参数矢量维度相同的当前速率矢量；

     γ—— 冲量参数。

5.3 NIN 网络模型

传统 CNN 的卷积层取各个线性滤波器（卷积核）和相应局部感受野的内积，然后用非线性激活函数对其结果进行变换以获得特征图案。这里的线性卷积模型可以表示为一个映射函数 $f:R^D \to R^K$，其中 D 是将感受野范围内输入数据以向量形式进行表示的维度，K 是通过卷积得到的特征数据维度（卷积核的个数）。假设某个感受野内的输入数据为 $x_{i,j}$，其中（i,j）表示输入子块的位置，卷积层在此处得到的特征响应可以表示为：

$$a_{i,j} = \sigma(z_{i,j}) = \sigma(\boldsymbol{W}x_{i,j} + \boldsymbol{b}) \tag{5-8}$$

式中：$\boldsymbol{W}$—— 输入权重矩阵；

     $\boldsymbol{b}$—— 输入偏置矢量；

     $z_{i,j}$—— 未经激活函数变换的特征响应；

     $\sigma(\cdot)$—— 激活函数。

传统 CNN 中的卷积滤波器是一种具有低抽象度的广义线性模型 GLM，这里的"抽象"表示特征相对于输入数据局部变化的不变性[68]。而在 NIN 中，GLM 被替换为一种微网络结构，以增强本地模型的抽象程度[146]。NIN 网络采用的微网络结构是非线性函数近似器，例如多层感知器 MLP。图 5-7 给出了传统 CNN 中的线性卷积层和 NIN 中基于多层感知器的卷积层（即 Mlpconv 层[146]）的比较。

如图 5-7 所示，与传统 CNN 相比，NIN 网络中的 Mlpconv 层以一种不同的方式从局部感受野中的输入数据提取特征，它采用具有多个完全连接层（附带非线性激活处理）的 MLP 来实现输入数据和特征空间之间的映射。也可以将 MLP 模型表示为一个映射函数 $f:R^{n \times n \times M} \to R^K$，其中 $n \times n \times M$ 是感受野范围内输入数据的维度，K 是通过卷积得到的特征数据维度（卷积核的个数）。假设每个 MLP 共有 L 层，并且

输入数据为 $x_{i,j}$，第 k 个 MLP 的第 1 层至第 L 层的特征响应可以表示为：

$$a_{i,j,k}^1 = \sigma(\boldsymbol{W}_k^1 x_{i,j} + b_k^1)$$

$$\vdots$$

$$a_{i,j,k}^l = \sigma(\boldsymbol{W}_k^l \, al - l_{i,j,k} + b_k^l) \qquad (5\text{-}9)$$

$$\vdots$$

$$a_{i,j,k}^L = \sigma(\boldsymbol{W}_k^L \, aL - l_{i,j,k} + b_k^L)$$

式中：l—— 多层感知器 MLP 的层序号；

$\boldsymbol{W}_k^l$—— 第 k 个 MLP 的第 l 层权重矩阵；

$\boldsymbol{b}_k^l$—— 第 k 个 MLP 的第 l 层输入偏置；

$a_{i,j,k}^l$—— 输入数据 $x_{i,j}$ 在第 k 个 MLP 第 l 层的特征响应。

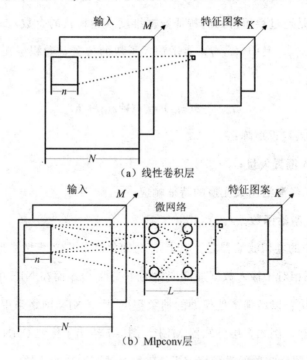

图 5-7　传统 CNN 和 NIN 网络的卷积层区别示意图

　　和传统的 CNN 一样，NIN 网络中的所有局部感受野之间也共享 MLP 参数，并且这些 MLP 参数也在输入数据上滑动进而获得特征图案。通过卷积得到的特征响应接下来也一样被送入下采样层进行池化，以此类推，多个 Mlpconv 层和下采样层连续堆叠从而形成深度 NIN。此外，文献［146］在构建 NIN 网络时采用了全局平均池化 GAP 方法来替代网络最后的全连接层，以减少网络参数和避免过拟合。但是考虑到现有视觉情感分析领域的深度模型含有全连接层[53]，为了验证 NIN 网络中 Mlp-conv 层的有效性，本章在构建 NIN 网络时仍然采用了全连接层。

5.4　基于 NIN 的图像情感预测

本章模拟文献［53］的做法构建深度卷积神经网络进行图像情感倾向预测，与文献［53］的深度模型不一样的是，本章采用 NIN 网络中基于多层感知器的 Mlpconv 卷积层进行特征提取。和文献［53］一样，在对网络模型进行训练时也采用了渐进微调方案，即先利用所有样本进行初始训练，然后对样本进行筛选并删除标签信息不够可靠的训练样本，接下来用含有较少噪声的训练数据对网络参数进行微调。5.4.1 节和 5.4.2 节将分别对基于 NIN 的情感预测网络结构和网络微调优化方案进行介绍。

5.4.1　情感预测网络结构

为了与文献［53］提出的用于视觉情感分析的 CNN 进行比较，本章采用了一个与其类似的网络框架，但是将传统 CNN 中的 GLM 替换为 MLP。图 5-8 给出了基于 NIN 的图像情感倾向预测网络结构示意图，由于空间限制，此处省略了下采样层。首先在不考虑纵横比的前提下将所有图像样本的大小调整为 256×256，并通过裁剪处理从图像的中间部分提取子块，以这种方式将所有样本归一化到 227×227 的大小。然后将标准化处理后的图像样本送入两个 Mlpconv 层，第一个 Mlpconv 层包含 96 个卷积核，局部感受野的尺寸为 $11 \times 11 \times 3$，卷积步长为 4。第二个 Mlpconv 层包含 256 个卷积核，局部感受野的尺寸为 $5 \times 5 \times 96$，卷积步长为 2。每个 Mlpconv 层后面都附加一个池化层，采用最大值池化方法，而且池化区域大小为 3×3，池化步长为 2（由于空间有限，图 5-8 中未显示池化处理）。在每个 Mlpconv 层中，MLP 的层数为 2。

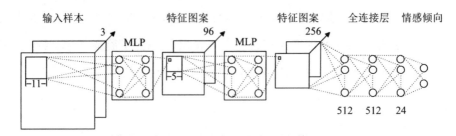

图 5-8　基于 NIN 的图像情感倾向预测网络结构示意图

文献［53］采用了哥伦比亚大学研究人员收集的用于训练 ANP 概念检测器的数据集合作为训练样本，这些图像是根据 Plutchik 情感轮模型的 24 个正面和负面情感词汇从网络中抓取到的[44]。因此本章采用和文献［53］一样的做法，将深度模型倒数第二层的节点数量设置为 24，借此来模拟图像样本与 24 个情感词汇的映射关系。由于图像情感倾向预测属于二分类问题，本章使用逻辑回归模型作为深度网络的最后一层，以此来建立特征数据和情感倾向之间的联系。假设某样本对应的情感标记值 $y \in \{0,1\}$，其中"1"代表正面情感倾向，"0"代表负面情感倾向。

5.4.2　网络微调优化方法

为了得到与各个 ANP 相对应的概念检测器，哥伦比亚大学数字视频和多媒体实验室研究人员从社交网络搜集图像样本，将标题、标签或者附带文本描述中出现某 ANP 概念的图像当作与该 ANP 概念相对应的正面样本[44]。这些样本其实是一种弱标注（Weakly Labeled）样本，因为标题或者附带文本描述中含有某 ANP 概念的图像中未必含有该 ANP 概念所描述的内容。但是用于 ANP 概念检测器训练的样本数量多达数十万，不可能基于人工方式对其进行标注。这些训练数据的标签信息中含有严重噪声，利用这些被弱标注的数据对深度模型进行训练可能使深度网络被困在错误的局部最佳状态。为了解决这个问题，You 等人[53]在利用这些样本对基于深度 CNN 的图像情感预测网络进行训练时提出了渐进式策略，通过对网络进行微调来提高图像情感倾向预测性能。类似地，本章采用对训练样本进行自动筛选的方法来对 NIN 网络进行渐进微调，图 5-9 给出了渐进微调网络 PNIN（Progressive NIN）的优化方案示意图。

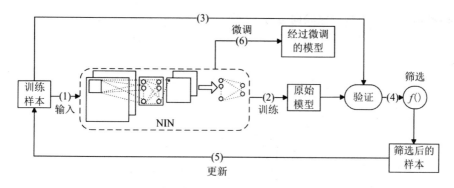

图 5-9　PNIN 网络的微调优化方案示意图

　　如图 5-9 所示，首先利用标签信息带有噪声的所有训练样本对深度 NIN 网络进行训练，然后用训练好的模型对训练样本进行检验，并根据预测分数对其进行过滤。本章采用一种基于概率的抽样算法来更新训练集合，以较高的概率对预测分数接近 0.5 的样本进行滤除，目的是尽可能地使训练集合中保留可分辨性更强的样本。令 $s = \{s_1, s_2\}$ 代表训练集合中样本的预测分数，其中 s_1 表示样本对应正面情感倾向（$y=1$）的概率，s_2 表示样本对应负面情感倾向（$y=0$）的概率。由于该网络的最后一层是 LR 模型，这两个预测分数之和为 1，所以可以将这两个分数看作是一个二进制离散信源的两种事件发生的概率。根据最大离散熵理论[129]，该信源的信源熵 H 在 0 到 1 之间取值，s_1 和 s_2 的数值越接近则信源熵数值越大，s_1 和 s_2 的数值差距越大则信源熵数值越小。当 s_1 和 s_2 的数值相等时，信源熵达到最大值 1（计算信息量时取以 2 为底的对数），这时候的样本标签具有最大不确定性。因此，本章以该信源的熵为依据来确定删除某训练样本的概率 p：

$$
\begin{aligned}
p &= -\left(s_1 \log_2 s_1 + s_2 \log_2 s_2\right) \\
&= -\left[s_1 \log_2 s_1 + (1-s_1)\log_2(1-s_1)\right]
\end{aligned}
\tag{5-10}
$$

　　图 5-10 给出了删除某训练样本的概率随着其情感预测分数变化而变化的曲线示意图。如图 5-10 所示，当训练样本对应正面和负面情感的预测分数差异太小或者预测分数接近 0.5 时，以情感预测分数为事件概率的信源熵达到最大值，这时候以较大的概率从训练集合中删除这个样本。相反地，当训练样本对应正面和负面情感的预测分数差异足够大时，以较小的概率从训练集合中删除这个样本，或者说会以较大的概

率保留这个训练样本。最后使用更新后的训练数据集合对网络模型进行微调，并以最终的模型参数来对图像情感倾向进行预测。

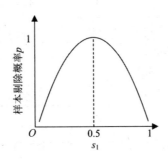

图 5-10　训练样本被删除的概率与其情感预测分数间的关系示意图

5.5　实验结果与分析

哥伦比亚大学的研究人员在训练 ANP 概念检测器时从 Flickr 和 YouTube 网络中搜集了大量的图像样本并将之公布，这些样本对应于 1 553 个 ANP 概念，并且每个 ANP 概念都被分配了在-2 和+2 之间取值的情感数值[44]。如果将情感数值为正值的 ANP 概念对应的图像样本视为正面情感倾向样本，将情感数值为负值的 ANP 概念对应的图像样本视为负面情感倾向样本，这相当于是给每个 ANP 概念所对应子集中的图像样本都分配了一个二进制的情感标签，尽管这些标签信息不一定可靠。实验利用这些图像样本（哥伦比亚大学搜集的用于 ANP 概念检测器训练的弱标注样本，以下简称为 Flickr 样本）及其相应的不可靠标签信息对基于 NIN 的图像情感倾向预测模型进行训练，并基于 5.4.2 节提出的方法对网络进行优化微调。在此基础上，本章主要在文献 [53] 建立的数据集（Twitter 1269）上开展验证实验，因为文献 [53] 已经基于传统 CNN 开展了广泛的图像情感预测实验，可以与其实验结果进行充分的比较。和文献 [53] 一样，本章还基于迁移学习使用 Twitter 1269 中经过人工标注的样本数据对深度网络进行进一步优化微调，开展交叉验证实验并和第 4 章的实验结果进行对比。

本章在 Caffe 平台[152-153]上对基于 NIN 的图像情感预测模型进行实现，在搭建好实验模型后，首先使用约 90％ 的 Flickr 样本对图 5-8 所示的模型进行了训练，并用剩余的图像样本进行了测试。在反向传播训练中采用随机梯度下降优化方法 SGD，其中的冲量（Momentum）参数被设置为 0.9，权重衰减（Weight Decay）被设置为 0.000 5，学习速率 α 被初始化为 0.01，每个 mini-batch 包含 256 个图像样本。NIN 网络经历了 300 000 次迭代（约 190 个 epoch）的小批次训练。在初次训练之后，采用 5.4.2 节提出的随机采样方法对样本进行过滤，抽样后大约有 30 000 个情感标签不够可靠的图像样本被排除在训练数据集之外。最后使用更新之后的训练数据对深度 NIN 模型进行优化微调，在渐进式微调阶段，又对该模型进行了 100 000 次迭代（约 70 个 epoch）训练。

训练结束后，首先对剩余 10％ 的 Flickr 图像样本进行情感倾向测试。表 5-3 和图 5-11 给出了未经优化微调的 NIN 模型和经优化微调的 PNIN 模型在精确度、召回率、F1 综合指标和准确率四个评价指标上的性能表现。实验结果表明：与 NIN 相比，PNIN 在所有指标上均获得了高达 613％ 的性能提升，其中精确度提高了 6.4％，召回率提高了 13.1％，F1 提高了 9.4％，准确率提高了 7.8％。所有实验结果表明，利用情感标签更可靠的训练样本对该模型进行微调可以获得显著的性能提升。即便不能说深度模型在经过微调之后达到了更好的局部最优点，至少也可以从表 5-3 和图 5-11 的实验结果中得出结论：在渐进微调阶段，情感标签含有更少噪声的训练样本为深度神经网络提供了与原来样本不同的知识。

表 5-3　基于 NIN 模型在 Flickr 测试样本上得到的图像情感预测结果

模型	精确度	召回率	F1	准确率
NIN	0.747	0.764	0.755	0.753
PNIN	0.795	0.864	0.826	0.812

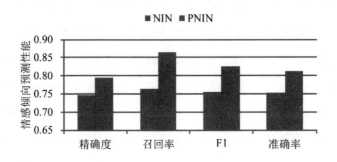

图 5-11 基于 NIN 模型在 Flickr 测试样本上得到的图像情感预测结果

　　和文献［53］一样，接下来在 Twitter 1269 数据集的"At least three agree" "At least four agree"和"Five agree"三个子集上开展实验。第 4 章已经介绍过，这三个子集分别包含 1 269 个、1 116 个和 882 个样本，每个子集的名字表示在对其样本进行情感标注时达成一致意见的 AMT 工作人员的人数。在利用 Flickr 样本得到深度 NIN 模型参数后，直接基于这些参数对 Twitter 1269 数据集样本进行预测，在这种情况下，Twitter 1269 数据集的样本全部被用于测试。表 5-4 和图 5-12 也给出了在这种情况下未经优化微调的 NIN 模型和经优化微调的 PNIN 模型在精确度、召回率、F1 综合指标和准确率四个评价指标上的性能表现。为了进行对比，表 5-4 和图 5-12 也给出了文献［53］在这种情况下基于传统 CNN 得到的图像情感倾向预测性能。可以看出，NIN 模型在面向上述三个子集的实验中均表现出了优于传统 CNN 模型的性能。例如，PNIN 与 PCNN 相比在"Five agree"图像子集上获得了约 4％的性能提升，在"At least four agree"图像子集上获得了约 4.5％的性能提升，而在"At least three agree"图像子集上获得了约 5％的性能提升。同时可以看出，PNIN 在大多数情况下都获得了优于 NIN 的情感预测性能，就像 PCNN 的表现要比 CNN 优秀一样。因此，实验结果进一步表明：利用渐进微调方法进行优化训练可以有效地提高深度模型的性能。

表 5-4   基于 NIN 模型在 Twitter 1269 数据集上得到的图像情感预测结果

数据子集	方法	精确度	召回率	F1	准确率
At least three agree	CNN[53]	0.691	0.814	0.747	0.667
	PCNN[53]	0.714	0.806	0.757	0.687
	NIN	0.726	0.855	0.784	0.702
	PNIN	0.751	0.847	0.795	0.721
At least four agree	CNN[53]	0.707	0.839	0.768	0.686
	PCNN[53]	0.733	0.845	0.785	0.714
	NIN	0.738	0.876	0.803	0.716
	PNIN	0.765	0.883	0.819	0.745
Five agree	CNN[53]	0.749	0.869	0.805	0.722
	PCNN[53]	0.770	0.878	0.821	0.747
	NIN	0.778	0.899	0.836	0.750
	PNIN	0.801	0.903	0.854	0.776

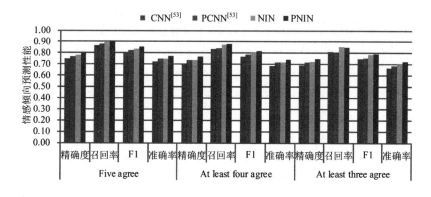

图 5-12   基于 NIN 模型在 Twitter 1269 数据集上得到的图像情感预测结果

以上的实验表明，从 Flickr 图像样本中学习到的知识可以被用于对另一个领域的 Twitter 图像样本进行情感倾向预测。由于 Twitter 图像主要与用户个人体验和热门话题相关，这些图像样本的内容更具有多样性，所以有可能利用迁移学习来进一步提高基于深度 NIN 的 Twitter 图像情感倾向预测性能。因此，本章继续采用类似于文献 [53] 的做法来开展迁移学习实验。对 Twitter 1269 数据集中的每个子集，首先将图像样本分为五个数量相等的分区（Partition），每次使用五个分区中的四个对已经用 Flickr 图像数据集训练好的模型进行进一步微调,然后将剩余的一个分区作为测试数据集来评估新训练模型的情感预测性能。该过程被重复五次,以确保每个分区都被测试一次,最终取五次实验的平均结果来评估所有模型的性能。该过程与第 4 章开展的五次交叉验证实验类似,每次都取 Twitter 1269 数据集中每个子集的一部分样本进行测试,所以本章接下来不但将在交叉验证实验中得到的实验结果与文献〔53〕进行对比,还将其与本书第 4 章的实验结果进行对比。

表 5-5、图 5-13、图 5-14 和图 5-15 给出了利用各种方法在 Twitter 1269 数据集上开展交叉验证实验得到的情感倾向预测结果,也一并列出文献〔53〕和第 4 章的实验结果(后融合方法)进行综合对比。与表 5-4 中给出的实验结果相比,通过在 Twitter 1269 数据集上进行转移学习,NIN 和 PNIN 模型的情感预测性能都得到明显提高。这表明迁移学习能从 Twitter 图像样本中学习到新的知识,这使得 NIN 模型能够达到更好的局部最小点,并因此而改善了基于 NIN 和 PNIN 模型的图像情感预测性能。

表 5-5　在 Twitter 1269 数据集上开展交叉验证实验得到的图像情感预测结果

数据子集	方法	精确度	召回率	F1	准确率
At least three agree	CNN[53]	0.734	0.832	0.779	0.715
	PCNN[53]	0.755	0.805	0.778	0.723
	后融合	0.739	0.809	0.772	0.711
	NIN	0.770	0.872	0.816	0.752
	PNIN	0.793	0.845	0.814	0.758
At least four agree	CNN[53]	0.773	0.855	0.811	0.755
	PCNN[53]	0.786	0.842	0.811	0.759
	后融合	0.765	0.823	0.792	0.734
	NIN	0.806	0.892	0.846	0.787
	PNIN	0.819	0.878	0.845	0.791
Five agree	CNN[53]	0.795	0.905	0.846	0.783
	PCNN[53]	0.797	0.881	0.836	0.773
	后融合	0.804	0.864	0.833	0.772
	NIN	0.824	0.929	0.876	0.812
	PNIN	0.827	0.904	0.871	0.803

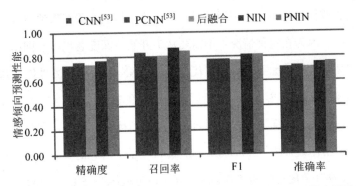

图 5-13 在 Twitter 1269 的"At least three agree"子集上开展交叉验证

实验得到的图像情感预测结果

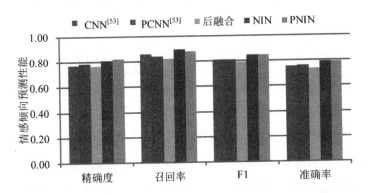

图 5-14 在 Twitter 1269 的"At least four agree"子集上开展交叉

验证实验得到的图像情感预测结果

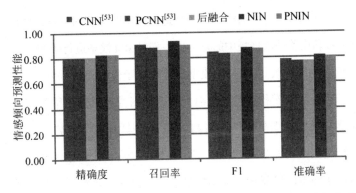

图 5-15 在 Twitter 1269 的"Five agree"子集上开展交叉验证实验

得到的图像情感预测结果

这些实验结果表明：当采用卷积神经网络来预测图像情感倾向时，通过简单的微调技术将知识从一个领域传递到另一个领域是可行的。这不但能改善图像情感预测性能，还可以大大地提高效率，因为在这种情况下不需要从头开始对深度卷积神经网络进行训练。此外，NIN 和 PNIN 在这种情况下也取得了优于传统 CNN 的情感预测性能，这进一步说明了 NIN 网络的优势。而且与第 4 章中基于后融合的方法相比，NIN 和 PNIN 也取得了更好的情感预测性能，这说明深度学习方法的确存在一定的优势。此外，和文献［53］的实验结果一样，不管采用什么方法，"At least four agree" 子集对应的实验结果从整体上要好于 "At least three agree" 子集对应的实验结果，而 "Five agree" 子集对应的实验结果从整体上又优于 "At least four agree" 子集对应的实验结果。这说明在对图像样本情感倾向进行标注时，达成一致意见的 AMT 标注人员越多，得到的情感标签信息就越可靠。

5.6　本章小结

鉴于深度学习技术在计算机视觉领域的卓越表现，本章尝试采用深度学习方法针对社交媒体中主题宽泛的图像数据开展情感分析研究，采用一种具有更强泛化能力的深度卷积神经网络 NIN 进行图像情感预测，用多层感知器来替代传统深度卷积神经网络卷积层中的广义线性模型。而且针对训练样本情感标签含有严重噪声的问题，本章在对深度模型进行训练时采用了一种渐进微调方案。在进行初次训练之后，利用训练好的模型对样本进行反向筛选以剔除标签信息不可靠的训练样本，然后利用经过筛选的样本对深度网络进行微调。此外，本章还尝试基于迁移学习利用验证数据集中的样本进一步对深度模型进行微调。

实验结果表明，本章所使用的 NIN 模型能获得优于传统 CNN 网络的图像情感倾向预测性能。这说明利用有监督卷积神经网络对大数据量图像进行情感预测是可行的，而且在卷积层中用多层感知器替代广义线性模型的 NIN 网络具有一定优势。另外，基于样本筛选对深度模型进行优化微调能进一步改善基于深度 NIN 的图像情感倾向预测性能，这也能为其他基于弱标注样本的机器学习应用提供借鉴。此外，实验还表明，迁移学习对基于有监督深度卷积神经网络的图像情感分析也是有益的。利用深度模型从目标领域外的相近领域学习到的知识可以直接被用于对目标领域样本进行情感预测，基于目标领域的数据对深度模型进行微调还能进一步改善其情感预测性能。

6　总结与展望

6.1　本书工作总结

本书主要开展基于机器学习技术的图像情感语义理解研究，结合图像情感语义的产生机制，分别面向主题确定的小样本量抽象图像和社交媒体中主题宽泛的图像数据进行情感语义分析和预测。在面向抽象图像的情感语义分析中采用将图像特征与情感含义直接进行映射的方法，在对基于稀疏自动编码器的无监督特征学习关键技术进行研究的基础上，结合迁移学习技术将其应用于抽象绘画和织物图像情感分类。在面向社交媒体的宽泛主题图像情感语义分析中，一方面以情感本体作为中间描述层进行图像情感倾向预测，充分利用本体概念的文本情感信息来提高基于中间本体的情感预测性能；另一方面基于有监督深度卷积神经网络进行图像情感语义分析，采用泛化能力更强的深度模型进行图像情感倾向预测并尝试解决弱标注训练样本的情感标签噪声问题。总的来说，本书主要取得了以下几个方面的研究成果：

（1）对基于稀疏自动编码器的无监督特征学习和基于卷积自动编码器的图像分类中的白化处理和池化操作进行深入研究，发现了基于稀疏自动编码器进行局部特征学习时的白化处理和基于卷积网络进行全局特征提取时的池化操作之间的关系。实验结果表明：只要选择好合适的正则化参数，白化处理可以有效地改善基于卷积自动编码器的图像分类性能，而且在进行白化处理的前提下采用平均池化方法会获得更好的图像分类结果。此外，本书还基于稀疏自动编码器在 YUV 空间开展无监督特征学习，并基于卷积自动编码器进行图像分类。实验结果表明：在进行合适白化处理的情况下，在 YUV 空间开展无监督特征学习和图像分类也具有可行性。这些研究成果为本书后续工作奠定了基础，并且为基于稀疏自动编码器的无监督特征学习研究带来借鉴。

（2）在对基于稀疏自动编码器的无监督特征学习关键技术进行研究的基础上，将无监督特征学习应用于小样本量的抽象绘画图像情感语义分析，提出了一种基于卷积自动编码器模型的跨领域迁移学习方案，并用该方案在情感层面上对抽象绘画进行区分。实验结果表明：基于稀疏自动编码器的无监督特征学习技术不仅能被应用于认知层面上的图像识别，还能被应用于基于情感语义的抽象图像辨识。而且在目标领域图像样本有限的情况下，从目标领域之外的图像样本中学习到的特征可以获得更好的图像分类性能。该研究成果不仅能为抽象图像情感语义分析提供支持，还能为其他小样本量的图像分类和识别研究带来启发。

（3）在将基于稀疏自动编码器的无监督特征学习技术应用于抽象绘画图像情感语义分析的基础上，尝试基于跨领域卷积自动编码器面向织物和面料图像开展情感语义分析研究。针对现有用于情感语义研究的织物和面料图像基准数据库欠缺的问题，建立了织物图像数据库并基于人工从情感层面对其进行标注。在采用卷积自动编码器进行织物图像情感分类时，针对基于卷积操作的全局特征提取计算成本较高的问题，提出了一种基于相关分析的特征选择方法对稀疏自动编码器所学习到的特征权重进行筛选。实验结果表明：基于无监督特征学习和迁移学习的跨领域卷积自动编码器同样适用于织物图像情感分类，而且适当的特征选择可以在不牺牲图像分类性能的前提下有效降低全局特征提取的时间消耗。

（4）基于中间本体描述开展面向社交媒体中宽泛主题图像的情感倾向分析和预测研究，针对现有基于中间本体的研究忽略了本体概念本身所携带的情感信息的问题，提出了一种对本体概念的文本情感信息加以利用的方案，而且还将该方案与基于ANP概念响应的传统图像情感分析方法进行综合。实验结果表明：在基于中间本体对社交媒体中宽泛主题图像内容进行情感分析时，利用这些本体概念的文本情感信息可以有效改善图像情感倾向预测性能。该研究成果为图像情感分析研究提供了新的思路，在文本情感分析和图文转换研究取得巨大进展的背景下具有重要意义。

（5）基于有监督深度学习技术面向社交媒体中宽泛主题图像开展情感倾向分析研究，采用一种泛化能力更强的深度NIN模型进行图像情感倾向预测，用多层感知器替代传统深度卷积神经网络卷积层中的广义线性模型。针对用于深度模型训练的样本情感标签含有大量噪声的问题，提出一种基于图像情感预测分数的方法对训练样本进行筛选，并用经过筛选的样本对深度模型进行微调。实验结果表明：深度 NIN 模型不但能在认知层面的图像分类和识别中取得比传统 CNN 更好的性能，而且在图像情感倾向预测中也取得了更好的效果。而在样本情感标签不可靠的情况下，通过样本筛选和网络微调可以有效地改善深度模型的情感预测性能。这些研究成果不仅能给基于有监督深度学习的图像情感倾向预测研究带来借鉴，还能给其他样本标签信息不可靠的深度学习应用带来启发。

6.2　未来研究展望

本书在抽象图像情感语义分析和社交媒体图像内容情感倾向分析中取得了一些成果，但是通过深入研究也发现了一些问题。目前该领域相关研究仍处于初级阶段，还有许多有意义的问题值得对其开展进一步的探索，主要体现在以下几个方面：

（1）本书基于无监督特征学习的抽象图像情感分类研究表明了将无监督特征学习技术应用于图像情感语义分析的可行性。从本质上来讲，基于学习方法获得的特征最后也是和颜色与纹理这样的底层视觉特征一样被送入分类器开展训练。尽管这些基于学习方法得到的特征与底层视觉特征有着根本区别，但是对分类器来讲都是用于训练的数据。因此，如果将这些通过学习得到的特征与传统底层视觉特征进行有效融合，有可能给图像分类和识别系统带来性能改善。况且，目前基于底层视觉特征的图像情感分析研究已经取得了长足进展，完全用特征学习技术替代底层视觉特征还为时尚早，将这两种特征进行融合是一项很有意义的工作。

（2）本书基于中间本体和文本描述面向社交媒体中的图像大数据进行情感倾向分析和预测，虽然研究成果表明了对中间本体文本情感信息进行利用的可行性，但是该方法依赖于可靠的本体概念检测。因此，如何基于中间本体对图像内容进行合理描述，并从中可靠地提取本体概念响应是值得研究的问题。此外，本书在对文本情感信息进行利用时，仍然基于样本情感标签信息进行训练。从理论上讲，当检测到带有情感含义的本体概念在图像中出现的概率之后，有可能在不使用图像情感标签的前提下对图像情感倾向作出预测。但是，如何在不使用图像情感标签信息的情况下基于本体概念响应和概念情感含义进行图像情感分析仍然是需要解决的问题。

（3）本书基于有监督深度学习技术进行社交媒体图像情感分析，虽然研究结果表明了深度学习方法的优越性，但是利用深度模型建立图像像素和情感倾向间直接联系的方法从整体上并不能对情感语义产生过程给出解释。而且，样本情感标签信息的不可靠性和社交媒体图像数据的复杂性极大地制约了基于有监督深度模型的图像情感预测系统性能。虽然本书尝试对情感标签信息不可靠的问题进行解决，但是如何基于深度学习进行社交媒体图像情感分析仍然是值得继续研究的问题。比如，将基于本体描述的方法和基于深度学习的方法进行结合，先利用深度学习技术去检测图像中的本体概念再进行情感预测就是一个有价值的研究方向。

（4）从整体上看，图像情感语义理解研究，特别是面向社交媒体图像大数据的情感分析研究还处于起步阶段。现有研究主要针对的是静态图片，但是动态性视觉内容也成为当前社交网络中的主流媒体类型。因此，面向动态性视觉内容的情感分析就极具研究价值。此外，在媒体呈现多元化态势的今天，融合图像、视频、文本和语音等多媒体内容进行情感分析也是未来比较有前景的研究方向。

参考文献

［1］陈俊杰，李海芳，相洁，等．图像情感语义分析技术［M］．北京：电子工业出版社，2011.

［2］Picard R W. Affective computing［M］. Cambridge，MA：MIT Press，2000.

［3］赵思成，姚鸿勋．图像情感计算综述［J］．智能计算机与应用，2017，7（1）：1-5.

［4］王雁．普通心理学［M］．北京：人民教育出版社，2002.

［5］李祖贺，樊养余．基于视觉的情感分析研究综述［J］．计算机应用研究，2015，32（12）：3521-3526.

［6］Ji R，Cao D，Zhou Y，et al. Survey of visual sentiment prediction for social media analysis［J］. Frontiers of Computer Science，2016，10（4）：602-611.

［7］You Q. Sentiment and emotion analysis for social multimedia：Methodologies and applications［C］//Proceedings of the 2016 ACM Multimedia Conference，Amsterdam，United kingdom，ACM，2016：1445-1449.

［8］Wang W，He Q. A survey on emotional semantic image retrieval［C］//Proceedingsof International Conference on Image Processing（ICIP），San Diego，CA，United states，IEEE，2008：117-120.

［9］Zhang H，Yang Z，Gönen M，et al. Affective abstract image classification and retrieval using multiple kernel learning［C］//Proceedings of 20th International Conference on Neural Information Processing（ICONIP），Daegu，Korea，Springer ，2013：166-175.

［10］Lecun Y，Bengio Y，Hinton G. Deep learning［J］. Nature，2015，521（7553）：436-444.

［11］ 焦李成，杨淑媛，刘芳，等．神经网络七十年：回顾与展望［J］．计算机学报，2016，39（8）：1697-1716.

［12］ Joshi D，Datta R，Fedorovskaya E，et al. Aesthetics and emotions in images ［J］，IEEE Signal Processing Magazine，2011，28（5）：94-115.

［13］ Machajdik J，Hanbury A. Affective image classification using features inspired by psychology and art theory ［C］//Proceedings of the ACM Multimedia 2010 International Conference，Firenze，Italy，ACM，2010：83-92.

［14］ 赵涓涓．图像视觉特征与情感语义映射的相关技术研究［D］．太原：太原理工大学，2010.

［15］ Zhao S. Affective computing of image emotion perceptions ［C］//Proceedings of the 9th ACM International Conference on Web Search and Data Mining，San Francisco，CA，United states，ACM，2016：703.

［16］ Zhao S，Yao H，Gao Y，et al. Predicting personalized emotion perceptions of social images ［C］//Proceedings of the 2016 ACM Multimedia Conference，Amsterdam，United kingdom，ACM，2016：1385-1394.

［17］ Plutchik R. Emotions：A general psychoevolutionary theory ［C］//Approaches to Emotion，Mahwah，New Jersey，United states，Lawrence Erlbaum Associates，1984：197-219.

［18］ Izard C E. Basic emotions，relations among emotions and emotion-cognition relations ［J］.Psychology Review，1992，99（3）：561-565.

［19］ Ekman P. An argument for basic emotions ［J］.Cognition & Emotion，1992，6（3-4）：169-200.

［20］ Mikels J A，Fredrickson B L，Larkin G R，et al. Emotional category data on images from the International Affective Picture System ［J］.Behavior Research Methods，2005，37（4）：626-630.

［21］ Mehrabian A. Pleasure-arousal-dominance：A general framework for describing and measuring individual differences in temperament ［J］.Current Psychology，1996，14（4）：261-292.

［22］ Benini S，Canini L，Leonardi R. A connotative space for supporting movie af-

fective recommendation［J］.IEEE Transactions on Multimedia，2011，13
（6）：1356-1370.

［23］Solli M，Lenz R.Color based bags-of-emotions［C］//Proceedings of 13th International Conferenceon Computer Analysis of Images and Patterns（CAIP），Munster，Germany，Springer，2009：573-580.

［24］张海波，黄铁军，修毅，等．基于颜色和纹理特征的面料图像情感语义分析［J］．天津工业大学学报，2013，32（4）：26-32.

［25］张海波，黄铁军，刘莉，等．基于支持向量机的面料图像情感语义识别［J］．天津工业大学学报，2013，32（6）：23-27.

［26］Shin Y，Kim Y，Kim E Y.Automatic textile image annotation by predicting emotional concepts from visual features［J］.Image & Vision Computing，2010，28（3）：526-537.

［27］王伟凝，余英林．图像的情感语义研究进展［J］．电路与系统学报，2004，8（5）：101-109.

［28］古大治，傅师申，杨仁鸣．色彩与图形视觉原理［M］．北京：科学出版社，2000.

［29］Hsu W，Kennedy L，Huang C W，et al.News video story segmentation using fusion of multi-level multi-modal features in TRECVID 2003［C］//Proceedings of IEEE International Conference on Acoustics，Speech and Signal Processing（ICASSP），Montreal，Que，Canada，IEEE，2004：111645-111648.

［30］Rohrdantz C，Hao M C，Dayal U，et al.Feature-based visual sentiment analysis of text document streams［J］.ACM Transactions on Intelligent Systems and Technology（TIST），2012，3（2）：26.

［31］章毓晋．基于内容的视觉信息检索［M］．北京：科学出版社，2003.

［32］Lin H C，Chiu C Y，Yang S N.Texture analysis and descriptionin linguistic terms［C］// Proceedings of the 5th Asia Conference on Computer Vision，Melbourne，Australia，2002：205-209.

［33］Ruiz-del-Solar J，Jochmann M.On determining human description of textures［C］// Proceedings of the Scandinavian Conference on Image Analysis，Bergen，Norway，2001：288-294.

［34］Colombo C，Del Bimbo A，Pala P. Semantics in visual information retrieval ［J］. IEEE Multimedia，1999，6（3）：38-53.

［35］Iqbal Q，Aggarwal J K. Retrieval by classification of images containing large manmade objects using perceptual grouping ［J］. Pattern Recognition，2002，35（7）：1463-1479.

［36］Lu X，Suryanarayan P，Adams Jr R B，et al. On shape and the computability of emotions ［C］//Proceedings of the 20th ACM international conference on Multimedia，Nara，Japan，ACM，2012：229-238.

［37］Irie G，Satou T，Kojima A，et al. Affective audio-visual words and latent topic driving model for realizing movie affective scene classification ［J］. IEEE Transactions on Multimedia，2010，12（6）：523-535.

［38］Zhang H，Gönen M，Yang Z，et al. Understanding emotional impact of images using Bayesian multiple kernel learning ［J］. Neurocomputing，2015，165：3-13.

［39］Wu Q，Zhou C，Wang C. Content-based affective image classification and retrieval using support vector machines ［C］//Proceedings of International Conference on Affective Computing and Intelligent Interaction（ACII），Beijing，China，Springer，2005：239-247.

［40］Zhao S，Gao Y，Jiang X，et al. Exploring principles-of-art features for image emotion recognition ［C］//Proceedings of the 2014 ACM Conference on Multimedia，Orlando，FL，United states，ACM，2014：47-56.

［41］Jia J，Wu S，Wang X，et al. Can we understand van Gogh's mood? Learning to infer affects from images in social networks ［C］// Proceedings of the 20th ACM International Conference on Multimedia，Nara，Japan，ACM，2012：857-860.

［42］Siersdorfer S，Minack E，Deng F，et al. Analyzing and predicting sentiment of images on the social web ［C］// Proceedings of the ACM Multimedia 2010 International Conference，Firenze，Italy，ACM，2010：715-718.

［43］Yuan J，You Q，Mcdonough S，et al. Sentribute：image sentiment analysis from a mid-level perspective [C] //Proceedings of the 2nd International Workshop on Issues of Sentiment Discovery and Opinion Mining (WISDOM), Chicago, IL, United states, ACM, 2013: article number 10.

[44] Borth D, Ji R, Chen T, et al. Large-scale visual sentiment ontology and detectors using adjective noun pairs [C] //Proceedings of the 2013 ACM Multimedia Conference, Barcelona, Spain, ACM, 2013: 223-232.

[45] Borth D, Chen T, Ji R, et al. SentiBank: large-scale ontology and classifiers for detecting sentiment and emotions in visual content [C] //Proceedings of the 2013 ACM Multimedia Conference, Barcelona, Spain, ACM, 2013: 459-460.

[46] Chen Y Y, Chen T, Hsu W H, et al. Predicting viewer affective comments based on image content in social media [C] // Proceedings of the ACM International Conference on Multimedia Retrieval, Glasgow, United kingdom, ACM, 2014: 233-240.

[47] Jou B, Bhattacharya S, Chang S F. Predicting Viewer Perceived Emotions in Animated GIFs [C] //Proceedings of the 2014 ACM Conference on Multimedia, Orlando, FL, United states, 2014: 213-216.

[48] Li L, Cao D, Li S, et al. Sentiment analysis of Chinese micro-blog based on multi-modal correlation model [C] //Proceedings of 2015 IEEE International Conference on Image Processing (ICIP), Quebec City, QC, Canada, IEEE, 2015: 4798-4802.

[49] Chen F, Gao Y, Cao D, et al. Multimodal hypergraph learning for microblog sentiment prediction [C] //Proceedings of 2015 IEEE International Conference on Multimedia and Expo, Turin, Italy, IEEE, 2015: article number 7177477.

[50] Wang Y, Wang S, Tang J, et al. Unsupervised sentiment analysis for social media images [C] //Proceedings of the 24th International Joint Conference on Artificial Intelligence, Buenos Aires, Argentina, IJCAI, 2015: 2378-2379.

[51] Chen T, Yu F X, Chen J, et al. Object-based visual sentiment concept analysis and application [C] // Proceedings of the 2014 ACM Conference on Multime-

dia, Orlando, FL, United states, ACM, 2014: 367-376.

[52] Cao D, Ji R, Lin D, et al. Visual sentiment topic model based microblog image sentiment analysis [J]. Multimedia Tools and Applications, 2016, 75 (15): 8955-8968.

[53] You Q, Luo J, Jin H, et al. Robust image sentiment analysis using progressively trained and domain transferred deep networks [C] //Proceedings of the 29th AAAI Conference on Artificial Intelligence, Austin, TX, United states, AAAI, 2015: 381-388.

[54] Jindal S, Singh S. Image sentiment analysis using deep convolutional neural networks with domain specific fine tuning [C] //Proceedings of IEEE International Conference on Information Processing (ICIP), Pune, Maharashtra, India, IEEE, 2015: 447-451.

[55] Campos V, Salvador A, Giró-I-Nieto X, et al. Diving deep into sentiment: Understanding fine-tuned CNNs forvisual sentiment prediction [C] // Proceedings of the 1st International Workshop on Affect and Sentiment in Multimedia, Brisbane, Australia, ACM, 2015: 57-62.

[56] Campos V, Jou B, Giró-I-Nieto X. From pixels to sentiment: Fine-tuning CNNs for visual sentiment prediction [J]. Image & Vision Computing, 2017, in press.

[57] Sun M, Yang J, Wang K, et al. Discovering affective regions in deep convolutional neural networks for visual sentiment prediction [C] //Proceedings of IEEE International Conference on Multimedia and Expo (ICME), Seattle, WA, United states, IEEE, 2016: article number 7552961.

[58] Li L, Li S, Cao D, et al. SentiNet: Mining visual sentiment from scratch [C] //Advances in Computational Intelligence Systems, Lancaster, United Kingdom, Springer, 2017: 309-317.

[59] Wang J, Fu J, Xu Y, et al. Beyond object recognition: Visual sentiment analysis with deep coupled adjective and noun neural networks [C] //Proceedings of the 25th International Joint Conference on Artificial Intelligence, New York,

NY，United states，IJCAI，2016：3484-3490.

[60] 奚雪峰，周国栋. 面向自然语言处理的深度学习研究 [J] . 自动化学报，
2016，42（10）：1445-1465.

[61] Cai G，Xia B. Convolutional neural networks for multimedia sentiment analysis
[C] //Proceedings of 4th CCF Conference on Natural Language Processing and
Chinese Computing（NLPCC），Nanchang，China，Springer，2015：159-167.

[62] You Q，Luo J，Jin H，et al. Cross-modality consistent regression for joint vis-
ual-textual sentiment analysis of social multimedia [C] //Proceedings of the
9th ACM International Conference on Web Search and Data Mining（WSDM），
San Francisco，CA，United states，ACM，2016：13-22.

[63] Yu Y，Lin H，Meng J，et al. Visual and textual sentiment analysis of a mi-
croblog using deep convolutional neural networks [J] . Algorithms，2016，9
（2）：article number 41.

[64] 蔡国永，夏彬彬. 基于卷积神经网络的图文融合媒体情感预测 [J] . 计算机应
用，2016，36（2）：428-431.

[65] Jou B，Chen T，Pappas N，et al. Visual affect around the world：A large-scale
multilingual visual sentiment ontology [C] //Proceedings of the 2015 ACM
Multimedia Conference，Brisbane，QLD，Australia，ACM，2015：159-168.

[66] Liu H，Jou B，Chen T，et al. Complura：Exploring and leveraging a large-
scale multilingual visual sentiment ontology [C] //Proceedings of the 2016
ACM International Conference on Multimedia Retrieval（ICMR），New York，
NY，United states，ACM，2016：417-420.

[67] Cai Z，Cao D，Lin D，et al. A spatial-temporal visual mid-level ontology for GIF
sentiment analysis [C] //Proceedings 2016 IEEE Congress on Evolutionary Compu-
tation（CEC），Vancouver，BC，Canada，IEEE，2016：4860-4865.

[68] Bengio Y，Courville A，Vincent P. Representation learning：a review and new
perspectives [J] . IEEE Transactions on Pattern Analysis and Machine Intelli-
gence，2013，35（8）：1798-1828.

[69] Coates A，Lee H，Ng A Y. An analysis of single-layer networks in unsuper-

vised feature learning ［C］// Proceedings of the 14th International Conference on Artificial Intelligence and Statistics （AISTATS）, Fort Lauderdale, FL, United states, 2011: 215-223.

［70］ Yin H, Jiao X, Chai Y, et al. Scene classification based on single-layer SAE and SVM ［J］. Expert Systems with Applications, 2015, 42 （7）: 3368-3380.

［71］ Zhang F, Du B, Zhang L. Saliency-guided unsupervised feature learning for scene classification ［J］. IEEE Transactions on Geoscience and Remote Sensing, 2015, 53 （4）: 2175-2184.

［72］ Längkvist M, Loutfi A. Learning feature representations with a cost-relevant sparse autoencoder ［J］. International Journal of Neural Systems, 2015, 25 （1）: article number 1450034.

［73］ Liu H, Taniguchi T, Takano T, et al. Visualization of driving behavior using deep sparse autoencoder ［C］//Preceedings of 2014 IEEE Intelligent Vehicles Symposium, Dearborn, MI, United states, IEEE, 2014: 1427-1434.

［74］ Sermanet P, Kavukcuoglu K, Chintala S, et al. Pedestrian detection with unsupervised multi-stage feature learning ［C］//Proceedings of the IEEE Computer Society Conference on Computer Vision and Pattern Recognition （CVPR）, Portland, OR, United states, 2013: 3626-3633.

［75］ 李倩玉, 蒋建国, 齐美彬. 基于改进深层网络的人脸识别算法 ［J］. 电子学报, 2017, 45 （3）: 619-625.

［76］ 刘兴旺, 王江晴, 徐科. 一种融合 AutoEncoder 与 CNN 的混合算法用于图像特征提取 ［J］. 计算机应用研究, 2017, （12）: 1-7.

［77］ 王海, 蔡英凤, 贾允毅, 等. 基于深度卷积神经网络的场景自适应道路分割算法 ［J］. 电子与信息学报, 2017, 39 （2）: 263-269.

［78］ Hosseini-Asl E, Zurada J M, Nasraoui O. Deep learning of part-based representation of data using sparse autoencoders with nonnegativity constraints ［J］. IEEE Transactions on Neural Networks and Learning Systems, 2016, 27 （12）: 2486-2498.

［79］ Ng A Y, Ngiam J, Foo C Y, et al. Unsupervised feature learning and deep learning

[EB/OL]. http：//deeplearning. stanford. edu/wiki/index. php，2016.

[80] Luo C，Wang J. Fine-grained representation learning in convolutional autoencoders [J]. Journal of Electronic Imaging，2016，25（2）：article number 023018.

[81] Bell A J，Sejnowski T J. Edges are the " independent components" of natural scenes [C] // Proceedings of the 1996 Conference on Advances in Neural Information Processing Systems（NIPS），Denver，CO，United states，1997：831-837.

[82] Scherer D，Müller A，Behnke S. Evaluation of pooling operations in convolutional architectures for object recognition [C] //Proceedings of 20th International Conference on Artificial Neural Networks（ICANN），Thessaloniki，Greece，2010：92-101.

[83] Zeiler M D，Fergus R. Stochastic pooling for regularization of deep convolutional neural networks [EB/OL]. http：//arxiv. org/abs/1301. 3557，2013.

[84] Boureau Y L，Ponce J，LeCun Y. A theoretical analysis of feature pooling in visual recognition [C] //Proceedings of 27th International Conference on Machine Learning（ICML），Haifa，Israel，2010：111-118.

[85] Krizhevsky A. Learning multiple layers of features from tiny images [D]. Toronto：University of Toronto，2009.

[86] 王雯，陈丽，李晨，等. YUV 空间下基于码本模型的视频运动目标检测方法 [J]. 武汉大学学报：工学版，2015，48（3）：412-416.

[87] 杨兴明，吴克伟，孙永宣，等. 可迁移测度准则下的协变量偏移修正多源集成方法 [J]. 电子与信息学报，2015，37（12）：2913-2920.

[88] 庄福振，罗平，何清，等. 迁移学习研究进展 [J]. 软件学报，2015，26（1）：26-39.

[89] Deng J，Zhang Z，Eyben F，et al. Autoencoder-based unsupervised domain adaptation for speech emotion recognition [J]. IEEE Signal Processing Letters，2014，21（9）：1068-1072.

[90] Yang X，Zhang T，Xu C. Cross-domain feature learning in multimedia [J]. IEEE Transactions on Multimedia，2015，17（1）：64-78.

[91] Zhou J T, Pan S J, Tsang I W, et al. Hybrid heterogeneous transfer learning through deep learning [C] //Proceedings of the 28th AAAI Conference on Artificial Intelligence, Quebec City, QC, Canada, AAAI, 2014: 2213-2219.

[92] Kouno K, Shinnou H, Sasaki M, et al. Unsupervised domain adaptation for word sense disambiguation using stacked denoising autoencoder [C] //Proceedings of 29th Pacific Asia Conference on Language, Information and Computation (PACLIC), Shanghai, China, 2015: 224-231.

[93] Zhang H, Augilius E, Honkela T, et al. Analyzing emotional semantics of abstract art using low-level image features [C] //Proceedingsof 10th International Symposium on Advances in Intelligent Data Analysis X, Porto, Portugal, Springer, 2011: 413-423.

[94] Pasupa K, Chatkamjuncharoen P, Wuttilertdeshar C, et al. Using image features and eye tracking device to predict human emotions towards abstract images [C] //Proceedings of 7th Pacific-Rim Symposium on Image and Video Technology (PSIVT), Auckland, New zealand, Springer, 2016: 419-430.

[95] Sartori A, Yanulevskaya V, Salah A A, et al. Affective analysis of professional and amateur abstract paintings using statistical analysis and art theory [J]. ACM Transactions on Interactive Intelligent Systems, 2015, 5 (2): article number 8.

[96] Kim E Y, Kim S J, Koo H J, et al. Emotion-based textile indexing using colors and texture [C] //Proceedings of Second International Conference on Fuzzy Systems and Knowledge Discovery, Changsha, China, Springer, 2005: 1077-1080.

[97] Kim S J, Kim E Y, Jeong K, et al. Emotion-based textile indexing using colors, texture and patterns [C] //Proceedings of Second International Symposium on Advances in Visual Computing, Lake Tahoe, NV, United states, Springer, 2006: 9-18.

[98] Kim N Y, Shin Y, Kim E Y. Emotion-based textile indexing using neural networks [C] // Proceedings of 12th International Conference on Human-Computer Interaction, Beijing, China, Springer, 2007: 349-357.

[99] Kim N Y, Shin Y, Kim Y, et al. Emotion recognition using color and pattern in textile images [C] //Proceedings of 2008 IEEE International Conference on Cybernetics and Intelligent Systems (CIS), Chengdu, China, IEEE, 2008: article number 4670928.

[100] Zhao B, Tam Y C, Zheng J. An autoencoder with bilingual sparse features for improved statistical machine translation [C] //Proceedings of 2014 IEEE International Conference on Acoustics, Speech, and Signal Processing (ICASSP), Florence, Italy, IEEE, 2014: 7103-7107.

[101] Wei H, Seuret M, Chen K, et al. Selecting autoencoder features for layout analysis of historical documents [C] //Proceedings of 3rd International Workshop on Historical Document Imaging and Processing (HIP), Nancy, France, ACM, 2015: 55-62.

[102] Benzaoui A, Boukrouche A. 1DLBP and PCA for face recognition [C] //Proceedings of the 2013 11th International Symposium on Programming and Systems (ISPS), Algiers, Algeria, IEEE, 2013: 7-11.

[103] Houam L, Hafiane A, Boukrouche A, et al. One dimensional local binary pattern for bone texture characterization [J]. Pattern Analysis and Applications, 2014, 17 (1): 179-193.

[104] Mehta R, Egiazarian K. Dominant rotated local binary patterns (DRLBP) for texture classification [J]. Pattern Recognition Letters, 2016, 71: 16-22.

[105] Nunes J C, Guyot S, Deléchelle E. Texture analysis based on local analysis of the bidimensional empirical mode decomposition [J]. Machine Vision and applications, 2005, 16 (3): 177-188.

[106] Nunes J C, Bouaoune Y, Delechelle E, et al. Image analysis by bidimensional empirical mode decomposition [J]. Image and Vision Computing, 2003, 21 (12): 1019-1026.

[107] Pan J, Tang Y. Texture classification based on bidimensional empirical mode decomposition and local binary pattern [J]. International Journal of Advanced Computer Science and Applications, 2013, 4 (9): 213-222.

[108] Mehta R, Eguiazarian K E. Texture classification using dense micro-block difference [J]. IEEE Transactions on Image Processing, 2016, 25 (4): 1604-1616.

[109] Le Q V, Karpenko A, Ngiam J, et al. ICA with reconstruction cost for efficient overcomplete feature learning [C] //Proceedings of 25th Annual Conference on Neural Information Processing Systems (NIPS), Granada, Spain, Curran Associates Inc., 2011: 1017-1025.

[110] Yu L, Liu H. Feature selection for high-dimensional data: a fast correlation-based filter solution [C] //Proceedings of Twentieth International Conference on Machine Learning, Washington, DC, United states, AAAI, 2003: 856-863.

[111] Giatsoglou M, Vozalis M G, Diamantaras K, et al. Sentiment analysis leveraging emotions and word embeddings [J]. Expert Systems with Applications, 2017, 69: 214-224.

[112] Keshavarz H, Abadeh M S. ALGA: Adaptive lexicon learning using genetic algorithm for sentiment analysis of microblogs [J]. Knowledge-Based Systems, 2017, 122: 1-16.

[113] Pandey A C, Rajpoot D S, Saraswat M. Twitter sentiment analysis using hybrid cuckoo search method [J]. Information Processing & Management, 2017, 53 (4): 764-779.

[114] Amplayo R K, Song M. An adaptable fine-grained sentiment analysis for summarization of multiple short online reviews [J]. Data & Knowledge Engineering, 2017, in press.

[115] Ullah M A, Islam M M, Azman N B, et al. An overview of multimodal sentiment analysis research: Opportunities and difficulties [C] //Proceedings of 2017 IEEE International Conference on Imaging, Vision and Pattern Recognition (icIVPR), Dhaka, Bangladesh, IEEE, 2017: article number 7890858.

[116] Pappas N, Redi M, Topkara M, et al. Multilingual visual sentiment concept clustering and analysis [J]. International Journal of Multimedia Information

Retrieval，2017，6（1）：51-70.

[117] Zheng H，Chen T，Luo J. When saliency meets sentiment：Understanding how image content invokes emotion and sentiment ［EB/OL］.http：//arxiv.org/abs/1611.04636，2016.

[118] Katsurai M，Satoh S. Image sentiment analysis using latent correlations among visual，textual，and sentiment views ［C］//Proceedings of 2016 IEEE International Conference on Acoustics，Speech and Signal Processing（ICASSP），Shanghai，China，IEEE，2016：2837-2841.

[119] Zhang L，Chen M，Yu X，et al. CoDS：Co-training with domain similarity for cross-domain image sentiment classification ［C］//Proceedings of the 18th Asia Pacific Web Conference，Suzhou，China，Springer，2016：480-492.

[120] Tan J，Xu M，Shang L，et al. Sentiment analysis for images onmicroblogging by integrating textual information with multiple kernel learning ［C］//Proceedings of 14th Pacific Rim International Conference on Artificial Intelligence（PRICAI），Phuket，Thailand，Springer，2016：496-506.

[121] Islam J，Zhang Y. Visual sentiment analysis for social images using transfer learning approach ［C］//Proceedingsof 2016 IEEE International Conferences on Big Data and Cloud Computing（BDCloud），Social Computing and Networking（SocialCom），Sustainable Computing and Communications（SustainCom），Atlanta，GA，United states，IEEE，2016：124-130.

[122] Ko E，Yoon C，Kim E Y. Discovering visual features for recognizing user's sentiments in social images ［C］//Proceedings of 2016 International Conference on Big Data and Smart Computing（BigComp），Hong Kong，China，IEEE，2016：378-381.

[123] Chang C C，Lin C J. LIBSVM：a library for support vector machines ［J］. ACM Transactions on Intelligent Systems and Technology（TIST），2011，2（3）：article number 27.

[124] Yu F X，Cao L，Feris R S，et al. Designing category-level attributes for discriminative visual recognition ［C］//Proceedings of 26th IEEE Conference on

Computer Vision and Pattern Recognition (CVPR), Portland, OR, United states, IEEE, 2013: 771-778.

[125] Koh K, Kim S J, Boyd S. An interior-point method for large-scale ℓ1-regularized logistic regression [J]. Journal of Machine Learning Research, 2007, 8: 1519-1555.

[126] Esuli A, Sebastiani F. SentiWordnet: a publicly available lexical resource for opinion mining [C] //Proceedings of the 5th International Conference on Language Resources and Evaluation (LREC), Genoa, Italy, 2006: 417-422.

[127] Thelwall M, Buckley K, Paltoglou G, et al. Sentiment strength detection in short informal text [J]. Journal of the American Society for Information Science and Technology, 2010, 61 (12): 2544-2558.

[128] Lai K T, Liu D, Chang S F, et al. Learning sample specific weights for late fusion [J]. IEEE Transactions on Image Processing, 2015, 24 (9): 2772-2783.

[129] Shannon C E. A mathematical theory of communication [J]. ACM SIGMOBILE Mobile Computing and Communications Review, 2001, 5 (1): 3-55.

[130] Rasmussen C E, Williams C K I. Gaussian processes for machine learning [M]. Cambridge, MA: MIT Press, 2006.

[131] Bengio Y. Learning deep architectures for AI [J]. Foundations and Trends © in Machine Learning, 2009, 2 (1): 1-127.

[132] Schmidhuber J. Deep learning in neural networks: An overview [J]. NeuralNetworks, 2015, 61: 85-117.

[133] ShinH C, Roth H R, Gao M, et al. Deep convolutional neural networks for computer-aided detection: CNN architectures, dataset characteristics and transfer learning [J]. IEEE Transactions on Medical Imaging, 2016, 35 (5): 1285-1298.

[134] Hu J, Lu J, Tan Y P, et al. Deep transfer metric learning [J]. IEEE Transactions on Image Processing, 2016, 25 (12): 5576-5588.

[135] Silver D, Huang A, Maddison C J, et al. Mastering the game of Go with deep neural networks and tree search [J]. Nature, 2016, 529 (7587): 484-489.

［136］ 周飞燕，金林鹏，董军．卷积神经网络研究综述［J］．计算机学报，2017，in press．

［137］ 何炎祥，孙松涛，牛菲菲，等．用于微博情感分析的一种情感语义增强的深度学习模型［J］．计算机学报，2017，40（4）：773-790．

［138］ 陈龙，管子玉，何金红，等．情感分类研究进展［J］．计算机研究与发展，2017，54（6）：in press．

［139］ Ravi K，Ravi V. A survey on opinion mining and sentiment analysis：Tasks，approaches and applications［J］．Knowledge-Based Systems，2015，89：14-46．

［140］ Cambria E. Affective computing and sentiment analysis［J］．IEEE Intelligent Systems，2016，31（2）：102-107．

［141］ Dashtipour K，Poria S，Hussain A，et al. Multilingual sentiment analysis：State of the art and independent comparison of techniques［J］．Cognitive Computation，2016，8（4）：757-771．

［142］ Pang L，Zhu S，Ngo C W. Deep multimodal learning for affective analysis and retrieval［J］．IEEE Transactions on Multimedia，2015，17（11）：2008-2020．

［143］ Camúñez V C. Layer-wise CNN surgery for visual sentiment prediction［D］．Barcelona：Universitat Politècnica de Catalunya，2015．

［144］ Narihira T，Borth D，Yu S X，et al. Mapping images to sentiment adjective noun pairs with factorized neural nets［EB/OL］．http：//arxiv. org/abs/1511.06838，2015．

［145］ Xu C，Cetintas S，Lee K C，et al. Visual sentiment prediction with deep convolutional neural networks［EB/OL］．http：//arxiv. org/abs/1411.5731，2014．

［146］ Lin M，Chen Q，Yan S. Network in network［EB/OL］．http：//arxiv. org/abs/1312.4400，2014．

［147］ Hubel D H，Wiesel T N. Receptive fields of single neurones in the cat's striate cortex［J］．The Journal of Physiology，1959，148（3）：574-591．

［148］ Ciresan D C，Meier U，Masci J，et al. Flexible，high performance convolutional neural networks for image classification［C］//Proceedings of 22nd International Joint Conference on Artificial Intelligence, Barcelona, Catalonia, Spain, IJCAI, 2011: 1237-1242.

[149] Krizhevsky A, Sutskever I, Hinton G E. Imagenet classification with deep convolutional neural networks [C] //Proceedings of 26th Annual Conference on Neural Information Processing Systems (NIPS), Lake Tahoe, NV, United states, Neural Information Processing System Foundation, 2012: 1097-1105.

[150] He K, Zhang X, Ren S, et al. Deep residual learning for image recognition [C] //Proceedings of 2016 IEEE Conference on Computer Vision and Pattern Recognition (CVPR), Las Vegas, NV, United states, IEEE, 2016: 770-778.

[151] Iandola F N, Han S, Moskewicz M W, et al. SqueezeNet: AlexNet-level accuracy with 50x fewer parameters and <0. 5 MB model size [EB/OL]. http: //arxiv. org/abs/1602. 07360, 2016.

[152] Jia Y, Shelhamer E, Donahue J, et al. Caffe: Convolutional architecture for fast feature embedding [C] //Proceedings of the 22nd ACM international conference on Multimedia, Orlando, FL, United states, ACM, 2014: 675-678.

[153] Jia Y. Caffe: An open source convolutional architecture for fast feature embedding [EB/OL] . http: //caffe. berkeleyvision. org/, 2013.

致　谢

　　首先感谢本人工作单位郑州轻工业大学计算机与通信工程学院的鼎力支持，齐全的软硬件资源和必要的经费支持为本书的撰写和出版提供了坚实的基础条件。

　　其次，本书内容来源于作者的博士论文，在撰写和出版过程中本人均得到了导师樊养余教授的指导和支持。樊教授学识渊博、治学严谨，不但为本人指明科研方向，而且对本人生活给予帮助，在此向导师樊养余教授致以崇高的敬意和真诚的感谢！

　　另外，感谢郑州轻工业大学的王凤琴、于泽琦和南姣芬博士，深圳奥比中光科技有限公司的刘伟华博士以及陕西科技大学的雷涛教授，感谢他们在本人开展课题研究和撰写本书的过程中给予的无私帮助。